旋转往复纯水动密封失效机理及性能调控研究

贾春强　王　芳　于　玲　著

中国矿业大学出版社
·徐州·

内 容 提 要

密封技术的可靠性和稳定性已成为现代工业设备安全、稳定运行的关键因素。密封在恶劣环境下工作时,其摩擦副极易造成快速损伤,以液压凿岩机水封为例,由于凿岩机钎尾既做旋转运动又做轴向高频微动冲击的复杂工作特性以及纯水介质的低黏度特性,纯水动密封极易损伤失效,从而严重影响凿岩机的工作效率,这已成为制约凿岩机高效工作的瓶颈技术之一。基于此,本书集中展示了沈阳建筑大学工程机械密封技术研究团队数年的研究成果,以凿岩机冲洗机构水封为研究对象,对旋转往复纯水动密封的运动耦合特性、密封接触和泄漏特性、磨损与疲劳特性及密封结构优化设计等方面展开了具体有效的研究,以期对构建高可靠性的橡塑密封系统、拓展橡塑密封的应用领域以及丰富水压动密封理论等提供必要的理论依据与参考。

本书的主要读者对象为从事流体传动与控制技术方面研究和密封产品开发、咨询、项目管理、工程管理等方面的专业技术人员,以及高等院校流体传动相关专业的师生。

图书在版编目(CIP)数据

旋转往复纯水动密封失效机理及性能调控研究 / 贾春强,王芳,于玲著.—徐州:中国矿业大学出版社,2023.7

ISBN 978 - 7 - 5646 - 5908 - 0

Ⅰ.①旋… Ⅱ.①贾… ②王… ③于… Ⅲ.①密封—研究 Ⅳ.①TB42

中国国家版本馆 CIP 数据核字(2023)第 140141 号

书　　名	旋转往复纯水动密封失效机理及性能调控研究
著　　者	贾春强　王　芳　于　玲
责任编辑	章　毅
出版发行	中国矿业大学出版社有限责任公司
	(江苏省徐州市解放南路　邮编 221008)
营销热线	(0516)83885370　83884103
出版服务	(0516)83995789　83884920
网　　址	http://www.cumtp.com　E-mail:cumtpvip@cumtp.com
印　　刷	江苏淮阴新华印务有限公司
开　　本	787 mm×1092 mm　1/16　**印张** 10.75　**字数** 209 千字
版次印次	2023 年 7 月第 1 版　2023 年 7 月第 1 次印刷
定　　价	47.00 元

(图书出现印装质量问题,本社负责调换)

前　　言

　　密封技术的可靠性和稳定性已成为现代工业设备安全、稳定运行的关键因素。密封在高速低黏等恶劣环境下工作时,其摩擦副极易造成快速损伤,以液压凿岩机密封为例,由于凿岩机钎尾既做旋转运动又做轴向高频微动冲击的复杂工作特性及纯水介质的低黏度特性,纯水动密封极易损伤失效,从而严重影响凿岩机的工作效率,这已成为制约凿岩机高效工作的瓶颈技术之一。因此,研究旋转往复耦合作用下纯水动密封的损伤机理及增效延寿的性能调控方法对提高工业设备工作效率、进一步构建高可靠的橡塑密封系统、拓展橡塑密封的应用领域以及丰富水压动密封理论等都将具有重要的理论意义和应用价值。

　　本书以液压凿岩机冲洗机构 Y 形纯水动密封的失效机理和性能调控为目标,系统地研究了纯水动密封在往复旋转复合作用下的水润滑模型、接触应力分布、水膜厚度分布及密封磨损和疲劳寿命预测、泄漏量计算等关键技术问题,分析多因素对密封性能的影响规律,并从 Y 形纯水动密封的结构参数与密封性能之间的关系出发,利用现代优化设计理论和仿真方法,对旋转往复纯水动密封的结构参数进行了深入而全面的优化设计研究。

　　首先,在充分吸收国内外同类研究成果的基础上,深入研究了旋转往复纯水动密封的工作特性,给出了旋转往复运动的几何模型;依据普遍雷诺方程的基本形式给出了往复旋转复合条件下的雷诺方程和混合润滑模型,以及密封接触界面水膜厚度计算公式;并基于有限元仿真方法,建立了旋转往复纯水动密封的三维密封接触仿真模型,给出了往复旋转工况下的密封等效应力和接触应力分布规律,研究了旋转速度、往复冲击速度及摩擦系数等对密封应力的影响。

其次,基于断裂力学理论,以密封等效应力作为疲劳损伤参量,计算了密封内外行程时的应变能释放率,分析了 Y 形密封在 U 形口底部、内唇口和外唇口等危险单元的疲劳寿命,研究了水压力变化和摩擦系数对于水密封危险单元疲劳寿命的影响。并利用密封接触应力仿真结果,结合水膜厚度计算公式得出密封摩擦界面水膜厚度分布情况,通过与接触表面均方根粗糙度值进行对比,确定密封圈在往复旋转复合运动工况下的水润滑状态及摩擦、磨损类型,依据 Archard 摩擦磨损理论,计算往复旋转工况下 Y 形密封的磨损量,并研究了冲击速度幅值、旋转速度、介质压力和摩擦系数等对密封磨损寿命的影响。

再次,基于普遍雷诺方程的基本形式,给出了纯水介质下 Y 形纯水动密封在旋转往复运动条件下的密封接触界面水膜厚度及泄漏量计算公式,实现了纯水动密封的实时泄漏量计算。并依据密封接触应力仿真结果分析了变速度工况下不同介质压力、冲击速度幅值和旋转速度对泄漏量的影响。

最后,在正交试验的基础上结合 BP 神经网络和遗传算法提出一种协同优化方案,结合纯水动密封的特殊工况,建立了基于协同优化的旋转往复纯水动密封的数学优化模型。通过选取 Y 形纯水动密封截面上的 6 个结构参数,以疲劳寿命和磨损量为协同优化目标,开展正交试验,通过极差分析法确定各结构参数对 Y 形纯水动密封性能影响的主次顺序,并基于正交试验的结果训练 BP 神经网络,以 BP 神经网络作为遗传算法的适应度函数完成密封协同优化设计,最终实现了旋转往复 Y 形纯水动密封结构参数的优化设计。

本书借助理论分析和数值仿真技术,实现了旋转往复纯水动密封的密封性能分析与结构优化设计,为其他类型密封的性能分析和结构优化提供了参考与指导。研究成果对提高密封设备工作效率与可靠性、丰富水压动密封理论、促进水压传动技术的纵深式发展等具有一定的理论意义和应用价值。

由于时间仓促,加之作者水平有限,书中难免存在不足和疏漏之处,敬请广大读者批评指正。

著者

2023 年 1 月

目　　录

第1章　概述 ·· 1

　　1.1　研究背景 ·· 1

　　1.2　研究目的及意义 ··· 2

　　1.3　Y形密封圈的密封机理及常见失效形式 ································· 2

　　1.4　国内外研究现状 ··· 7

　　1.5　主要研究内容及技术路线 ··· 14

第2章　Y形纯水动密封几何与润滑模型 ··· 18

　　2.1　旋转往复密封运动几何模型 ··· 18

　　2.2　雷诺方程及混合润滑模型 ··· 20

　　2.3　本章小结 ·· 22

第3章　旋转往复Y形纯水动密封有限元建模与仿真 ······················· 23

　　3.1　Y形动密封有限元建模 ·· 23

　　3.2　仿真模型可行性验证 ··· 30

　　3.3　旋转往复Y形纯水动密封有限元仿真分析 ······························· 32

　　3.4　本章小结 ·· 62

第4章　Y形纯水动密封泄漏量的计算 ·· 63

　　4.1　旋转往复纯水动密封泄漏计算模型 ··· 63

　　4.2　Y形纯水动密封密封性能的研究 ··· 67

　　4.3　变速度下纯水动密封泄漏量的计算 ··· 83

　　4.4　本章小结 ·· 88

第5章　旋转往复纯水动密封疲劳寿命计算 ······································ 89

　　5.1　疲劳寿命研究方法 ·· 89

　　5.2　基于断裂力学的疲劳寿命计算方法 ··· 90

5.3　基于断裂力学的纯水动密封疲劳寿命计算 ……………………… 96

5.4　影响疲劳寿命的因素 …………………………………………… 100

5.5　本章小结 …………………………………………………………… 104

第 6 章　旋转往复纯水动密封磨损寿命计算 ………………………… 105

6.1　液膜厚度计算 …………………………………………………… 105

6.2　Archard 磨粒磨损模型 ………………………………………… 108

6.3　影响磨损寿命的因素 …………………………………………… 115

6.4　Y 形纯水动密封寿命的综合分析 ……………………………… 118

6.5　本章小结 …………………………………………………………… 120

第 7 章　旋转往复纯水动密封协同优化设计 ………………………… 121

7.1　基于正交试验的协同优化设计方案 ………………………… 122

7.2　Y 形纯水动密封的数学优化模型 ……………………………… 126

7.3　Y 形纯水动密封的协同优化设计 ……………………………… 129

7.4　本章小结 …………………………………………………………… 149

第 8 章　结论与展望 …………………………………………………… 151

8.1　结论 ………………………………………………………………… 151

8.2　展望 ………………………………………………………………… 152

附录 ……………………………………………………………………… 154

附录 A　BP 训练程序 ……………………………………………… 154

附录 B　基于 BP 神经网络的适应度函数 ……………………… 155

附录 C　遗传算法主程序 …………………………………………… 155

参考文献 ………………………………………………………………… 158

第1章 概　　述

1.1 研究背景

　　密封技术的可靠性和稳定性已成为现代工业设备安全、稳定运行的关键因素。橡胶动密封广泛应用于航空航天、交通运输、工程机械、石油石化、制药装备等领域。密封件工作时，尤其在以纯水为介质的系统中，普遍存在摩擦、磨损、密封和润滑等基本问题，橡胶/金属摩擦副可能出现相对静止、不连续滑移、部分滑移和完全滑移等复杂的接触状态，势必引起橡胶/金属接触副间微动的产生，从而造成快速损伤，进而影响设备高效运行。以在工程建设领域广泛应用的液压凿岩机密封为例，冲洗机构内设置的两组纯水密封，一方面用以避免高压水进入凿岩机内部污染液压油，另一方面确保足够的冲洗压力以提高凿岩效率，但由于凿岩机钎尾既做旋转运动（300～500 r/min）又做轴向高频微动冲击（30～50 Hz）的复杂工作特性以及纯水介质的低黏度特性，纯水动密封极易损伤失效，从而严重影响凿岩机的工作效率，这已成为制约凿岩机高效工作的瓶颈技术之一。因此，研究旋转往复复合作用下纯水动密封的损伤机理以及增效延寿的性能调控方法对提高工业设备工作效率、进一步构建高可靠性的橡塑密封系统、拓展橡塑密封的应用领域及丰富水压动密封理论等具有重要的理论意义和应用价值。

　　液压凿岩机产生于19世纪70年代，是常用的钻孔设备，主要由旋转机构、冲击机构和冲洗机构等组成，产品外形如图1-1所示。其中冲击机构主要包含冲击活塞、钎尾、钎套、钎杆和钎头等，在工作过程中凿岩机通过冲击油路来加速冲击活塞，高速运动的冲击活塞以30～50 Hz高频率对钎尾端部进行撞击，冲击能量以应力波的方式经钎杆、钎头传递到岩石上将其击裂。同时旋转机构以300～500 r/min的高转速使钎头旋转，在回转的过程中钎头将被冲击机构击裂的岩石剥落下来。最后冲洗机构将高压冲洗水经注水套注入钻孔内部，将岩石碎屑冲洗出来，以便于进行下一次的冲击过程。

　　根据凿岩机的工作要求，冲洗机构内部需要用两个Y形密封对内部的高

图 1-1　凿岩机结构

压冲洗水进行密封,以保证冲洗水具有足够的压力实现冲洗碎裂岩石的目的,并防止冲洗水污染凿岩机内部的油液。但受钎尾高频冲击和高速旋转运动,以及水介质黏度较低难以在密封副接触面间形成稳定动压润滑膜的影响,凿岩机 Y 形密封极易发生疲劳失效和磨损失效,从而降低凿岩机的使用寿命和工作效率。

1.2　研究目的及意义

在复杂工况下密封圈的寿命较难得到保证,因此研究密封在复杂工况下的疲劳及磨损寿命显得尤为重要。为此,以实现密封寿命提升为目标,充分研究密封的疲劳及磨损特性,揭示旋转往复耦合作用下纯水动密封的磨损及疲劳的规律。并以此为基础,研究冲击旋转复合作用下纯水动密封的结构参数与密封性能之间的关系,通过构建完善的 Y 形纯水动密封的结构优化设计理论,实现对 Y 形纯水动密封的结构参数优化,进而提升 Y 形纯水动密封的密封性能。这对于提升设备运行效率与可靠性、拓展密封研究的工作条件及密封圈的润滑与磨损理论的更深层次发展都具有一定的理论意义和应用价值。

1.3　Y 形密封圈的密封机理及常见失效形式

1.3.1　Y 形密封圈的密封机理

由于 Y 形密封圈的特殊结构形式,其密封可靠性要好于一般的 O 形密封圈和矩形密封圈,大量地运用于各类密封场景中。根据 Y 形密封圈的结构特点和介质压力状态可将其分为三种状态,即无介质压力、有压力变化和达到介质压力,如图 1-2 所示。在没有介质压力时 Y 形密封圈依靠两侧的密封唇与缸壁进行线接触,此时基本无密封能力。当有介质压力时,介质压力会作用在 Y 形密封圈的顶部与唇谷部位,使 Y 形密封圈的底部受到轴向的压缩,两侧的密封唇则受到周向压缩与密封耦合面紧密贴合。密封副耦合面在介质压力作用下产生接触应力使 Y 形密封圈开始具有密封能力,并且随着介质压力的增高,密封面间的接触应力增大,根据密封失效的接触应力准则,最大接触应力大于介质压力即可实现静密封工况下的密封作用。

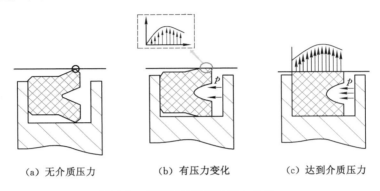

（a）无介质压力　　　　（b）有压力变化　　　　（c）达到介质压力

图 1-2　Y 形密封圈接触应力分布

当密封副的两个耦合面相对运动时,少量的油液会被携带至密封圈耦合面之间,从而产生一层润滑油膜,这层润滑油膜可防止密封副的两个接触面产生直接接触,使密封副的润滑状态从干摩擦变为流体摩擦,也就是流体动压润滑效应。当动压润滑膜的压力大于或等于介质压力时（图 1-3）,即可实现动密封工况下的密封作用。并且由于 Y 形密封圈的结构特点,在密封唇经过长时间的动密封过程产生磨损后,在介质压力的作用下具备一定的自动补偿能力,故 Y 形密封圈的密封性能较为可靠。

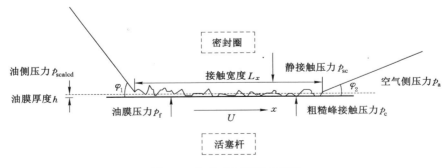

图 1-3　流体动压润滑示意图

1.3.2　Y形密封圈的结构形式

　　Y形密封圈属于唇形密封圈的一种,由于其耐压性好、摩擦阻力小、密封可靠等特点常被用于往复、旋转等动密封结构中。Y形密封圈按照两密封唇的高度不同,可分为轴用、孔用和通用型三种结构,如图1-4所示。

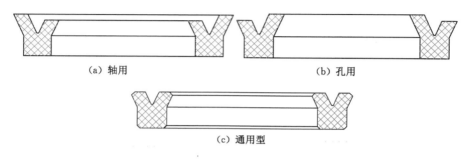

（a）轴用　　　　　　　　　　（b）孔用

（c）通用型

图1-4　Y形密封圈的三种结构

　　整体来看,Y形密封圈从结构形式上可以分为两类,分别为不等高唇Y形密封圈与等高唇Y形密封圈。其中根据应用工况的不同,不等高唇Y形密封圈又可分为轴用和孔用,不过较长的唇边由于其接触面积较大摩擦力也更大,一般作为固定边,而较短的唇边由于接触面积较小摩擦力也较小,通常作为动边来减少动密封过程中的磨损量,并可有效减轻密封圈的挤出现象。

1.3.3　密封圈的常见失效形式

　　密封圈所用的橡胶类材料具有优异的弹性和抗压变性能,可以有效地阻止流体介质的泄漏情况,广泛地应用于密封领域。随着工程机械的发展,液压传动已经成为工程机械主要的传动方式,而密封系统的可靠性是液压系统保持正常工作的基本要求,密封系统已成为影响工程机械工作可靠性的最主要因素之一。

　　密封部件的运动情况有动密封和静密封两种。虽然各类密封圈在截面形状上有一定的区别,但是在密封的原理和材料的特性上具有相当的相似性,因此密封圈的失效原因也有一些共性,现对密封圈的失效原因总结如下。

1.3.3.1　密封圈永久变形

　　由于密封圈使用的合成橡胶材料属于超弹性材料,其在预应力长时间的作用下会发生软化现象,即马林斯效应。这种现象会使密封圈产生永久变形,导致密封效果下降甚至发生泄漏等情况。密封圈的永久变形有多方面的影响因素,其中最主要的就是温度和系统压力。高温会加速密封圈的老化并使其软化,而低温会使密封圈的弹性降低、变硬、变脆甚至失去密封的能力,系统压力越大密封圈的变形量也就越大,在长时间作用下密封圈的软化现象会更严重,也就越容易发生永久变形。

1.3.3.2　焦耳热效应

焦耳热效应指处于拉伸状态的橡胶遇热收缩的现象。为了防止密封圈在动密封的过程中发生扭曲等现象,在密封圈的安装过程中一般会使密封圈处于拉伸状态。在旋转密封过程中,高速的旋转轴会与密封圈接触位置摩擦产生大量的热,导致橡胶材料受热收缩进而加剧密封圈张紧程度,如此反复加速密封圈的老化和磨损。

1.3.3.3　密封圈老化

橡胶密封圈经过长时间的使用并在应力、氧化和臭氧化的作用下会老化,一般来说密封圈的老化主要有变脆发硬、表面产生龟裂、寿命缩短等形式。橡胶密封圈老化后的表面形貌如图 1-5 所示。

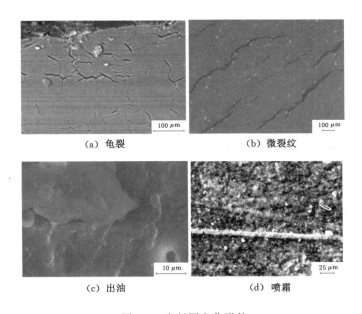

(a) 龟裂　　　　　　　　　　　(b) 微裂纹

(c) 出油　　　　　　　　　　　(d) 喷霜

图 1-5　密封圈老化形貌

1.3.3.4　密封圈间隙咬伤

密封圈的间隙咬伤现象多出现于动密封或介质压力较高的密封中。密封圈在工作时,主要通过橡胶材料良好的弹性对相配合的机械部件间的间隙进行密封,在较高的介质压力下,会将密封圈一部分挤出间隙[图 1-6(a)],引起密封圈局部应力集中。且在持续性的高压作用和密封面之间的相对运动下,密封圈很容易发生剪切强度失效[图 1-6(b)],形成间隙咬伤。并且密封的介质压力越高或往复速度越快,密封圈的咬伤现象也就越为严重。

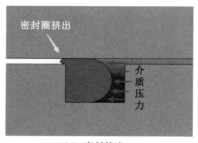 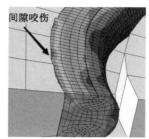

（a） 密封挤出   （b） 间隙咬伤

图 1-6　密封圈间隙咬伤现象

1.3.3.5　磨粒磨损

密封圈的磨粒磨损一般出现于动密封之中。当密封所处的工作环境较为恶劣时,两个密封面之间的相对运动很容易将灰尘等杂质带入密封接触面中形成磨粒磨损,降低密封效果。并且在密封圈的长时间使用过程中,密封圈也会脱落一些颗粒物加剧磨粒磨损情况,进而缩短密封圈的使用寿命。

1.3.3.6　疲劳失效

疲劳失效是往复密封的主要失效形式。处在往复工况下的密封部件由于受到周期性循环交变应力的影响,在长期高压的工作环境下疲劳失效的问题十分突出,据统计往复密封部件 60% 以上疲劳失效是由往复运动时介质压力的反复挤压引起的。并且疲劳失效往往突发性危害较大,因此对于承受交变载荷的部件要给予重视。图 1-7 所示为密封圈疲劳断口形貌。

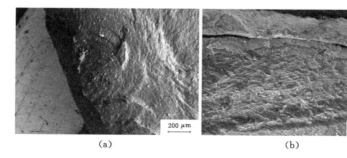

（a）   （b）

图 1-7　密封圈疲劳断口形貌

1.4　国内外研究现状

自 20 世纪 50 年代以来,工业技术的迅速发展,对各行各业的机械设备密封元件性能提出了更高要求,推动了密封技术的进步。密封技术作为基础的应用学科,与其他学科之间交叉渗透,往往需要从多角度分析问题。一般密封理论的研究集中在密封润滑理论研究和密封磨损理论研究。一般的研究方法为仿真研究和试验研究。

1.4.1　混合润滑理论

19 世纪末英国物理学家 O.Reynolds 利用黏性流体力学基础理论揭示了流体润滑膜的承载机理,建立了润滑膜的力学基本方程,奠定了流体润滑理论的基础。随着润滑理论的发展,国内外学者在利用数值分析、仿真研究及实验的方法对密封圈的密封机理和密封性能进行分析之后,发现动密封主要工作在混合润滑状态[1-3]。混合润滑模型是考虑到接触表面的形貌特征,以流体润滑理论为基础建立的,根据对表面形貌特征描述方法的不同主要分为两类,即统计模型和确定性模型。

自 20 世纪 60 年代起,工业生产中对于基础零部件的性能要求愈加严苛,建立在光滑表面假设下的润滑模型的弊端也显露出来。针对考虑表面形貌的润滑问题的研究开始出现。最初采用的是确定性模型,将一些表面假设成特殊的形貌进行研究(例如假设表面轮廓为正弦曲线或者锯齿线),但最后发现研究结果与实际的试验数据差距较大,造成这种差距的原因是,假设的理想表面与实际的机加工表面的形貌差距大[4-5]。S.T.Tzeng 等[6]首次将统计学知识应用到轴承的润滑问题中,引入期望算子分析了轴承粗糙度对承载能力的影响。在此之后,针对一维粗糙表面的润滑研究进入了科研工作者的视野。H.Christensen 等[7-8]采用了完全相同的手段,利用统计方法,在考虑了横向流动和纵向流动的不同条件后,得出平均压力和平均膜厚的雷诺方程如下:

$$\frac{\partial}{\partial x}\left[\frac{\partial \overline{p}}{\partial x}\psi_1(H)\right]+\frac{\partial}{\partial y}\left[\frac{\partial \overline{p}}{\partial y}\psi_2(H)\right]=6\mu U\frac{\partial}{\partial x}\psi_3(H) \tag{1-1}$$

式中,$\overline{p}$ 为平均压力;ψ_1、ψ_2、ψ_3 为润滑膜膜厚的期望函数;H 为油膜厚度;μ 为流动介质的动力黏度;U 为一维轴向运动速度。受此启发,L.S.H.Chow 等[9-10]则率先在非共形表面润滑问题中应用统计方法。上述研究基于一维表面粗糙度展开,N.Patir 等[11-14]将其拓展到二维粗糙表面,提出了 PC 流量模型。该模型用数值方法生成粗糙表面,并且基于此表面计算流量,再与光滑表面的流量进行对比,得出流量因子。基于流量因子的修正雷诺方程[13]如下:

$$\frac{\partial}{\partial x}\left(\phi_x\,\frac{h^3}{12\mu}\,\frac{\partial \overline{p}}{\partial x}\right)+\frac{\partial}{\partial y}\left(\phi_y\,\frac{h^3}{12\mu}\,\frac{\partial \overline{p}}{\partial y}\right)=\frac{U_1+U_2}{2}\frac{\partial \overline{h}_{\mathrm{T}}}{\partial x}+\frac{U_1-U_2}{2}\sigma\,\frac{\partial \phi_s}{\partial x}+\frac{\partial \overline{h}_{\mathrm{T}}}{\partial t}$$

$$(1\text{-}2)$$

式中，ϕ_x、ϕ_y、ϕ_s 为流量因子；h 为油膜厚度；$\overline{p}$ 为润滑油膜平均压力；σ 为与粗糙度相关的参数；$\overline{h}_{\mathrm{T}}$ 为油膜期望厚度；U_1、U_2 分别为二维 x 方向和 y 方向的运动速度。PC 流量模型是混合润滑问题统计模型的里程碑式的成果，其对混合理论的发展具有重要意义。H.G.Elrod 等却指出当考虑粗糙度影响以后，雷诺方程本身并不一定会成立[15]。事实上，雷诺方程是 Navier-Stokes 方程的简化形式。当沿着润滑膜的膜厚方向的速度变化被忽略时，Navier-Stokes 方程即可简化为雷诺方程。H.G.Elrod 等认为当粗糙度的特征波长值与润滑膜膜厚的比值 $\Delta/h\ll1$ 时，粗糙度对于润滑膜厚度方向的速度变化的影响就不能忽略，只能利用斯托克斯公式进行求解；而当 $\Delta/h\gg1$ 时，粗糙度对于润滑膜厚度方向的速度变化的影响可以忽略，此时雷诺方程适用。在实际工程实践中，绝大多数粗糙表面的润滑膜特性都是符合雷诺方程的。国内的一批学者对于统计模型的改进也做了大量的研究工作。汪家道等[16]根据椭圆弹塑性接触模型，提出了考虑空化效应的 PC 流量因子影响模型，并且结合实际算例分析发现，对于粗糙峰椭圆弹塑性模型而言，粗糙表面的综合属性、弹性及塑性对流量因子起主要影响作用。孟凡明等[17]利用编程手段构造了不同纹理的随机粗糙表面，研究了粗糙峰表面间的微小气穴对于流量因子的影响。付昊等[18]基于 FFT 技术，计算了粗糙表面的弹性变形，并且建立了考虑弹性变形影响的流量因子模型，并将该模型与计算实例结合，分析了流量因子与区域边界压力的关系。在一些特殊条件下，将固体软颗粒润滑物质添加到润滑剂中可以实现配合面间的减磨效果。孔俊超[19]在研究中将软三体颗粒当作流体进行处理，基于雷诺方程、黏度方程、Greenwood-Williamson 接触模型建立了软颗粒粗糙界面的混合润滑模型。上述文献中均利用统计模型对粗糙表面进行描述，然而由于统计方法的使用，使得实际模型中的相关细节被忽略，无法精确反映粗糙表面的实际形貌。统计方法对于粗糙表面的描述具有一定的局限性，在分析精度方面有所欠缺。

尽管最早开始研究计入粗糙度影响的雷诺方程时，使用了确定性模型，但由于当时技术的限制，只能采用正弦波形或者锯齿形的特殊模型。随着计算机以及测量技术的提高，例如电子显微镜以及材料表面微观分析仪的发明与完善，使得直接描述粗糙表面形貌成为可能，确定性模型得以快速发展。同时，形貌可控技术以及表面织构技术也快速发展，对于确定性模型的研究又回到了混合润滑研究的中心位置。对于确定性模型的研究主要分为两方面，即共形表面问题和非共形表面问题。目前研究的重点集中在非共形表面问题的研究上，非共形表面的确定性模型直接将表面粗糙度值与膜厚进行叠加[20]，其膜厚公式为：

$$h = h_0 + \delta_1(x, y, t) + \delta_2(x, y, t) \tag{1-3}$$

式中，h_0 为配合表面间的名义膜厚，δ_1 与 δ_2 为配合表面的粗糙度值。在非共形表面 EHL 问题研究的初期，确定性模型中一般只考虑表面粗糙度的影响，忽略了粗糙峰的接触，认为润滑区处于全膜状态，这种润滑状态被称为微弹流润滑[21]。A.A.Lubrecht[22] 运用数值计算方法研究了在点线接触条件下的油膜厚度和油膜压力受非共形表面纹理方向的影响规律。在此基础上，D.Zhu 等[23-24] 提出了统一雷诺方程理论，此模型能统一求解粗糙接触问题和流体润滑问题。

$$\begin{cases} \dfrac{\partial}{\partial x}\left(\dfrac{\rho}{12\eta^*}h^3\dfrac{\partial p}{\partial x}\right) + \dfrac{\partial}{\partial y}\left(\dfrac{\rho}{12\eta^*}h^3\dfrac{\partial p}{\partial y}\right) = U\dfrac{\partial(\rho h)}{\partial x} + \dfrac{\partial(\rho h)}{\partial t} \text{（流体区域）} \\[2mm] U\dfrac{\partial(\rho h)}{\partial x} + \dfrac{\partial(\rho h)}{\partial t} = 0 \quad \text{当 } h = 0, \dfrac{\partial h}{\partial t} \neq 0 \text{（接触区边界）} \\[2mm] \dfrac{\partial h}{\partial x} = 0 \quad \text{当 } h = \dfrac{\partial h}{\partial t} = 0 \text{（接触区内部）} \end{cases}$$

$$\tag{1-4}$$

上述形式的雷诺方程分别适用于流体区域、接触区边界和接触区内部。D.Zhu等[25]将上述方法应用于宏观点接触弹流润滑问题（EHL），并将实际测得的数据代入了上述方程进行求解，更进一步地开发了计算宏观点接触 Mixed-EHL 问题的程序，用以求解摩擦系数、亚表面应力和接触闪温等参数。王文中等[26-27]在进行了大量研究工作后，建立了宏观的点接触瞬态混合润滑模型，应用统一雷诺方程理论，基于离散卷积和傅里叶变换的改进弹性变形算法，对边界润滑、混合润滑及全膜弹流润滑进行了模拟。Q.J.Wang 等[28]使用统一雷诺方程，基于虚拟表面织构技术，对表面织构的设计与优化提出新的方法；在此基础上，D.Zhu[29]运用该方法对混合弹流润滑问题的数值解法的精度问题和收敛性问题展开了研究，亦对不同的网格划分和不同名义膜厚的计算结果进行对比研究，这对混合弹流润滑问题的数值求解方法具有重要的意义。W.Z.Wang 等[30]应用统一雷诺方程对于接近干接触条件低速运动的摩擦副表面润滑问题进行了数值求解，并与接触理论中干接触模型的计算结果进行了对比，二者具有很好的符合性。对于确定性模型而言，模型建立的过程并不复杂，重点在于控制方程算法和接触算法的开发和优化，D.Zhu 等[31]针对 EHL 控制模型算法求解问题在文献综述中进行了详细介绍。

1.4.2 疲劳失效研究现状

自 19 世纪工业革命后，对于密封问题的研究逐步深入，针对密封圈橡胶材料疲劳行为的研究逐渐兴起[32-34]。法国应用物理学家 J.V.Poncelet 最早对材料疲劳进行研究,并将材料的疲劳定义为在循环交变应力的作用下,材料强度逐渐降低并最终破坏的过程。在此后的一段时间内,学者将研究重点集中在线弹性材料的疲劳强度研究中。英国学者 A.G.Thoms 最早运用断裂力学理论解决了超弹性橡胶材料的疲劳损伤问题,并且用弹性能作为疲劳损伤的参量成功预测了橡胶的疲劳寿命。对于复杂载荷工况的密封问题,密封圈橡胶材料的应变形式趋于复杂,Y.H.Peng 等[35]针对这一问题研究了复杂应变状态对橡胶疲劳寿命的影响,发现裂纹的平面法向矢量和第一主拉伸方向对于橡胶的疲劳寿命有明显的影响。R.J.Harbour 等[36]研究了 Miner 线性损伤理论在预测橡胶受到变应力幅的应力作用下的疲劳寿命的适用性,并引入了疲劳寿命的预测方式,利用法向应变寻找临界平面和裂纹能量密度以确定疲劳寿命,讨论了载荷顺序及温度对于疲劳寿命的影响。N.Christoph 等[37]通过试验研究发现,在恒温条件下发生氧化后的老化橡胶试样与未氧化的橡胶试样的疲劳行为有明显差别。也有学者利用仿真手段研究橡胶的疲劳,C.S.Woo 等[38]基于疲劳损伤理论利用非线性有限元分析方法对硫化橡胶进行了疲劳寿命的预测,并认为在平均位移效应的情况下,最大应变可以作为描述疲劳损伤的参量。Q.Li 等[39]结合 Mooney-Rivlin 超弹模型与有限元方法,分析了不同载荷情况下橡胶支座在 x 方向和 y 方向的应变分布曲线和最大总应变,并对危险区域的裂缝进行了分析,之后以最大主应变作为疲劳参量对橡胶支座的疲劳寿命进行了预测,并通过疲劳试验验证了仿真的正确性。C.S.Woo 等[40]利用试验的方法测定了超弹橡胶材料的组成成分,并且利用有限元法确定了危险截面的拉格朗日应变,以此作为评价橡胶疲劳损伤参量对橡胶试件疲劳寿命进行预测的依据。

国内的诸多学者也对橡胶材料的疲劳断裂行为进行了大量的理论和仿真研究。谢志民等[41]研究了橡胶填充材料的力学性能随温度与老化率变化的规律,提出了含有热老化参数的橡胶本构关系方程,同时研究发现在考虑热老化效应的情况下,材料疲劳裂纹的扩展速率与应变能释放率之间满足 Paris 公式,在考虑热老化效应时得到的理论计算值更加接近试验结果。王小莉等[42]推导了在不同的橡胶本构模型下,开裂能密度在柱坐标系下的计算公式,通过分析得到开裂能密度和应变能密度之间的关系,验证了开裂能密度计算方法的正确性,同时基于该理论对橡胶隔振器的寿命进行了预测。王星盼[43]针对不同温度以及多轴复合应力作用的橡胶疲劳特性进行了研究,建立了考虑温度影响的橡胶疲劳寿命预测模型,并通过试验研究了温度对于橡胶疲劳寿命的影响规律,确定了复合应力下的疲劳损伤相关参数。丁智平等[44]分别基于连续介质力学和累计疲劳损伤理论,以等效应变和撕裂能作为疲劳损伤参量,建立了橡胶弹性减振元件寿命预测的方法,并通过试验验证了该方法的可行性。李凡珠等[45]应用

ABAQUS 有限元软件模拟哑铃形橡胶试样在单轴拉伸载荷下的 von Mises 应力和拉格朗日应变,并将提取的节点数据导入 MATLAB 的二次开发程序中,得到节点的疲劳寿命值,与试验对照结果基本吻合。欧阳小平等[46]基于断裂力学法和FEMFAT 仿真软件,通过建立 O 形密封圈的二维轴对称仿真模型,对直线液压执行器 O 形密封圈的疲劳寿命进行了预测。张天华等[47]采用有限元模拟与试验相结合的方法,利用 ABAQUS 和 FE-SAFE 软件进行联合仿真,成功预测了硫化橡胶(NR)标准试样的疲劳寿命,并通过试验验证了联合仿真方法的可行性。

1.4.3　磨损失效研究现状

根据运动形式的不同,动密封可分为往复密封、旋转密封和摆动密封这几大类。橡胶由于其低弹性模量、高黏弹性的特点被广泛应用于密封生产领域。橡胶与钢接触形成的摩擦副是密封中最常见的摩擦副,密封与金属表面在发生相对运动时受到摩擦力的作用,密封圈所受摩擦力主要由黏附摩擦力和迟滞摩擦力组成,即 $F_f = F_{fa} + F_{fh}$。在密封与金属表面发生相对运动的过程中会产生摩擦热,从而导致密封接触面的温度升高,加速橡胶的老化[48-49]。橡胶的磨损是一个相当复杂的过程,既受外界环境因素的影响,又受自身材料性能的影响。对于流体密封技术而言,摩擦副之间的润滑与磨损行为对于密封寿命有着极其重要的影响。T.Schmidt 等[50]基于 Archard 磨损模型,提出了一种利用 ABAQUS 动态网格二次开发功能求解 O 形密封磨损量的方法。李鑫等[51]基于 Hertz 弹性接触理论建立了液压伺服作动器 O 形密封圈的有限元仿真模型,在仿真和Adams 虚拟样机模拟的基础上提出了 O 形密封圈磨损寿命的预测方法。X.Li等[52]利用热-固耦合有限元仿真方法模拟环形密封的磨损情况,研究发现随着密封接触表面的逐渐磨损,消耗密封圈的最大接触应力快速下降并且逐渐趋于平稳。常凯[53]基于 Archard 磨损模型利用 ANSYS 的结构和热分析功能,建立了一种适用于 O 形旋转密封磨损模拟的方法,并指出较大的压缩率虽然可以增大最大接触应力,提高密封性能,但同时会加剧磨损,降低密封的使用寿命。因此,在进行密封设计时应当综合考虑密封与磨损两个方面的因素以选择合适的预压缩率。钟柱等[54-55]基于 ANSYS 软件,建立了伺服液压作动器 O 形密封圈的二维轴对称模型,分析了 O 形密封圈的预压缩率和周向拉伸率对于 O 形密封圈的密封及摩擦磨损性能的影响。I.M.Choi 等[56]设计了一种基于橡胶材料的O 形密封圈和 PTEF 材料的 U 形密封圈的组合密封结构,通过试验验证该密封结构最高可以承受 500 MPa 的流体压力,O 形密封圈与活塞杆的接触表面极易发生磨损,在高压工况下密封的磨损寿命明显降低。A.Avanzini 等[57]利用有限元方法对液压作动器的唇形密封进行了分析,研究发现密封面的过度磨损导致密封泄露增加,使得密封失效。

1.4.4 动密封仿真研究现状

　　动密封形式下的密封件与被密封件之间具有相对速度,影响密封性能的因素多,对于密封圈的密封和磨损性能的研究比较困难。在密封研究的初期,研究人员主要用试验的手段得出密封圈的密封性能参数,再概括得出相关的经验公式。随着计算机及有限元仿真技术的发展,国内外学者针对动密封的仿真研究也层出不穷。X.M.Zhang 等[58]基于控制体积理论,分别建立了包含动量方程和连续性方程的往复运动的雷诺方程,分析了不同间隙宽度、槽数、槽深和压差对迷宫式密封的性能影响,通过理论计算与仿真比较结果发现,沟槽的几何尺寸和压差对于密封的泄露和润滑油流态具有重要影响。Y.L.Huang 等[59]对具有初始变形的液压杆的往复 U 形密封圈进行了分析,其中包括耦合流体力学分析、接触力学和载荷分析,并计算了聚氨酯 U 形密封圈在缺少润滑的条件下的泵送率、摩擦力、膜厚分布、接触压力分布和流体压力分布。结果表明,液压杆的初始变形对于密封接触面的摩擦力影响较小,但对于密封圈的泵送率影响很大。密封条施加在棒上的摩擦力不能通过变形显著降低,甚至有可能略微增加。李小彭等[60]首次考虑了密封端面形貌对于接触密封泄漏量的影响,认为端面密封的动密封面为粗糙表面,静密封面为理想刚性平面。基于分形理论建立了机械密封的泄漏模型,并对各分形参数、端面比载荷和材料参数对泄漏率的影响进行了研究。Y.Wang 等[61]采用 Fluent 软件对旋转运动的槽形干气密封进行仿真分析,研究发现沟槽尺寸、转速、压力等操作参数对干气密封的气膜稳定性能具有明显的影响。A.G.Fern 等[62]利用 ANSYS 有限元软件分析了阀杆的密封性能,建立密封的二维轴对称往复运动模型,并且用 Mooney-Rivlin 应变能函数描述橡胶的非线性行为,揭示了密封唇的大小和方向对密封性能的影响。上述文献主要从密封圈本身或者密封轴的结构尺寸等内因入手对密封圈的密封性能进行研究。也有从外因入手,研究密封压力、转速、往复速度等对密封圈油膜厚度、油膜压力以及泄漏量等的影响。X.H.Zhou 等[63]利用 ANSYS 有限元软件对球形机械密封进行了仿真,讨论了密封压力、轴转速等因素对球形机械密封性能的影响。王国荣等[64]利用有限元软件 ABAQUS 建立了 Y 形密封圈二维模型,全面分析了工作压力、密封间隙、往复速度、摩擦系数对密封圈性能的影响。钟亮等[65]基于 ABAQUS 分析了预压缩量、流体压力、摩擦系数及运动速度对 O 形密封圈性能的影响。吴常贵等[66]利用 ABAQUS 流体压力渗透载荷的加载方法对 VL 密封圈进行了仿真分析,主要对不同压强下的应力应变云图、唇口接触区接触压力分布图进行了分析研究。为提高仿真的结果的可靠度和准确性,也有学者将接触面的表面粗糙度、温度和空化效应考虑在内,对动密封进行密封性能分析。王冰清等[67]针对液压往复格莱圈,基于软弹流理论建立了其数值分析模型,该模型综合考虑了温度、粗糙度以及空化效应的作用,并利用有限元软件ANSYS对格莱圈的宏观变形及静接触压力进行了分析,表明密封区为混合润滑状态,以微凸体接触为主;粗糙度较小有利于提高密封性;增大速度有利于减小泄漏量。也有学者利用仿真手段对密封圈的摩擦磨损特性进行了分析。常凯[53]对于O形密封圈的磨损问题,利用ANSYS软件,基于Archard摩擦磨损模型,提出了一种对O形密封圈进行磨损仿真的方法。在仿真过程中,该方法利用网格重构技术对O形密封圈的材料进行去除以模拟密封的磨损过程。Y.M.Yang等[68]分析了工作压力对于格莱圈的等效应力和接触应力的影响,运用有限元方法进行了摩擦磨损分析并通过试验进行验证,得出接触力对于摩擦力的影响关系曲线。也有学者针对水介质的密封问题进行了仿真研究,陈国强等[69]基于ANSYS/LS-DYNA软件,建立了U形橡胶往复滑动密封的有限元模型,分析了水介质压力、滑动杆的方向及速度、摩擦系数等因素对密封特性的影响。牛犇等[70]利用Fluent流场仿真功能针对水润滑立式高速液压主轴存在的端部泄露问题进行了研究,提出了采用螺旋密封的密封方案,研究表明,在紊流状态下,随着转速的增大,螺旋密封的有效浸油长度减小,同时伴随明显的气吞现象。

1.4.5 密封结构优化研究现状

密封圈的结构优化设计是提高密封性能的一种重要方式,现有对密封圈的结构优化分析以仿真研究和试验研究为主[71-72],根据实施方式的不同具体可以分为以下三种:

(1)对某个结构参数在不同参数值下的密封性能进行分析,从而对其进行改进;

(2)针对特定的密封工况,改变密封圈的结构形式来提高密封性能;

(3)通过交叉实验法找出影响密封性能的重要参数,对其进行优化。

通过这三种方式对密封圈的结构进行优化改进,提高密封圈的密封性能,使其在更长的工作时间内仍能保持密封的可靠性。

针对密封圈的结构优化,G.Belforte等[73]以减小葫芦形气动密封的摩擦力为优化目标,通过对密封圈进行有限元计算分析和形变分析,从而对密封圈的截面形状进行优化改进,并通过试验的方式验证了优化的有效性。G.J.Field等[74]分析了液压柱塞用矩形密封圈的预紧力、密封结构、密封硬度等因素对密封油膜厚度和泄漏量的影响,对密封领域的相关研究提供了重要参考。桑园等[75]通过Mooney-Rivlin本构模型对橡胶材料的应力-应变关系进行描述,在有限元分析的基础上对车辆用密封圈的应力进行了优化。

雷雨念等[76]运用 ANSYS 对往复状态下不同密封唇高度差下的密封圈的性能进行分析,得出唇高度差对接触应力的影响。李斌等[77]研究了静密封工况下,新型采油树平板闸阀密封圈的唇边锯齿数量、唇边夹角和唇谷夹角对密封性能的影响。张东葛等[78]利用 ANSYS 分析了 Y 形密封圈内外行程上下唇最大接触压力随油压的变化规律;刘明等[79]对 Y 形密封圈的主要设计参数进行了分析;刘洪宇等[80]基于正交试验法,利用 ANSYS 建立往复活塞杆用 X 形密封圈的仿真模型,分析了挡圈结构、沟槽结构、操作工况和安装状态等参数对密封性能和可靠性的影响。高涵宇等[81-83]基于正交试验法,分析了蓄能弹簧密封圈各个结构参数对峰值接触应力和线接触压力的影响程度,并得到最优的尺寸参数。迪力夏提·艾海提等[84]基于灵敏度分析法,针对往复气动密封 Y 形圈结构参数和工况参数对最大接触和剪切应力的影响进行了分析。陈银等[85]基于正交试验法分析了 8 个结构和工况参数对泵送机械密封的影响。孔凡胜[86]在利用 ANSYS 有限元分析软件建立唇形密封圈密封性能评估技术的基础上,结合多目标粒子群优化算法,通过对唇形密封圈结构参数的灵敏度分析来实现对唇形密封圈的结构参数优化,提高密封圈主唇口的密封性能。蔡智媛[87]在对往复 O 形密封圈有限元分析的基础上,利用正交试验法,综合考虑 von Mises 应力、接触应力、剪应力和摩擦力四个密封性能指标参数,选取 O 形密封圈的结构和工况中的 9 个参数进行优化。陈晓栋[88]为了改善高压容器中密封结构的密封效果,提出了一种双凹槽式的密封结构,在仅改变密封槽尺寸的情况下显著提高了密封性能。苗得田[89]以最大接触应力和最大等效应力作为密封圈的性能指标参数,通过灵敏度分析法对 Y 形圈的几何参数进行了分析,选取灵敏度显著性高的结构参数进行优化。孙宇佳[90]基于响应曲面法对同轴密封圈的运行参数与密封性能之间的关系进行了分析,并以密封耦合面间最大接触应力和最大摩擦力为优化目标对该组合密封的参数进行了优化。

1.5 主要研究内容及技术路线

1.5.1 主要研究内容

从上述文献综述可知,国内外研究人员在密封圈的密封润滑、结构优化设计、疲劳损伤和摩擦磨损等方面取得了较为卓越的研究成果。其中雷诺方程、Archard 磨粒磨损理论、基于断裂力学的超弹性体疲劳寿命预测等理论模型对密封圈的密封性能分析和结构优化设计提供了丰富的理论参考。并且很多研究人员通过试验研究和仿真分析的方式,对密封圈在不同的载荷工况、结构形式、结构参数和工况参数下的密封性能进行了大量的研究,得出了不同因素对密封性能的影响,为密封圈结构参数的进一步优化改进提供了方向。

但是上述研究主要针对以油液为工作介质的密封圈,并且密封圈的运动形式为单一旋转、往复或静密封状态,而对旋转、冲击复合作用下水介质密封的结构研究较少,无法对其结构进行合理的优化改进。因此本书以凿岩机 Y 形密封为研究对象,进行了以下研究。

(1)结合理论分析与实际工况给出旋转往复纯水动密封的运动几何模型,依据普遍雷诺方程的基本形式给出符合文中密封条件的雷诺方程。基于 ABAQUS 仿真软件,建立 Y 形纯水动密封的三维密封接触仿真模型,给出了往复旋转复合工况下的密封接触应力分布规律,研究旋转速度、往复冲击速度以及摩擦系数对密封接触应力的影响。

(2)基于流体动压润滑理论密封圈密封机理和普遍形式的雷诺方程推导建立了变速度下旋转冲击复合运动密封的水膜压力分布数值模型,推导出该工况下的膜厚、实时泄漏量及净泄漏量的计算模型。运用有限元方法分析旋转冲击工作状态下旋转速度、冲击速度幅值、流体压力等对最大主应力、最大接触应力以及接触应力分布情况的影响,并得到不同工况下密封圈与钎尾(轴)的接触长度等相关数据,求解不同参数情况下的实时泄漏量和净泄漏量变化情况,根据仿真分析和数值计算的结果,分析其在不同冲击速度幅值、旋转速度和介质压力下的密封性能。

(3)通过以断裂力学为基础的疲劳裂纹扩展法和 Archard 磨粒磨损模型,对 Y 形纯水动密封的疲劳寿命和磨损量进行描述,利用有限元分析软件 ABAQUS,基于非线性有限元理论建立简化的凿岩机 Y 形密封的全尺寸三维仿真模型,对旋转、冲击作用下的 Y 形密封进行仿真分析,得到其密封过程中的等效应力和接触应力变化情况,将其带入疲劳寿命和磨损量的计算模型中,对 Y 形纯水动密封的疲劳寿命和磨损量进行计算。

(4)基于凿岩机 Y 形密封的实际工况,对正交试验、BP 神经网络和遗传算法三者之间的优缺点进行互补,提出基于正交试验的协同优化方案对凿岩机 Y 形密封的截面几何结构参数进行优化,改进其密封性能。并通过对凿岩机工况的分析,确定疲劳寿命和磨损量为协同优化目标。基于正交试验的协同优化方案,对凿岩机 Y 形密封截面中 6 个结构参数进行分析,得出各个结构参数对 Y 形密封疲劳寿命和磨损量的影响。通过 BP 神经网络强大的非线性映射能力,对正交试验的结果进行学习训练,将训练好的 BP 神经网络作为遗传算法的适应度函数,对种群个体的适应度值进行预测,进而完成协同优化方案的全局寻优过程。

1.5.2　技术路线

依据研究目标和主要研究内容,确定本书的技术路线如图 1-8 所示。

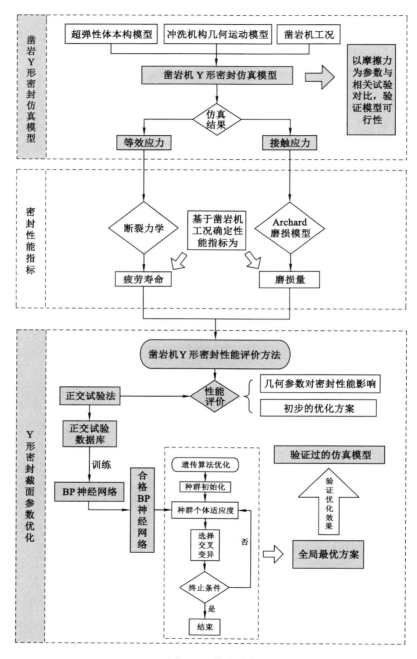

图 1-8 技术路线

首先将凿岩机冲洗机构的几何模型进行合理的简化,依据超弹性体本构模型和非线性有限元基本理论建立凿岩机 Y 形密封的仿真分析模型,对钎尾冲击过程中 Y 形密封应力变化进行定量分析。由于试验条件的限制,以摩擦力为目标参数与相关文献中的试验结果进行对比,验证仿真模型的可行性。基于凿岩机的特殊工况,对 Y 形密封进行分析,确定疲劳寿命和磨损量为凿岩机 Y 形密封的密封性能指标参数,提取仿真结果中的等效应力和接触应力,通过基于断裂力学的疲劳裂纹扩展法和 Archard 磨粒磨损模型对 Y 形密封的疲劳寿命和磨损量进行计算。利用正交试验法对 Y 形密封截面几何结构参数中的唇厚、倒角长度、唇长度、唇口深度、唇谷夹角和唇与钎尾夹角 6 个因素进行分析,研究其对凿岩机 Y 形密封密封性能的影响,并得出初步的优化方案。通过 BP 神经网络基于输入和输出间强大的非线性映射能力,以正交试验有限的数据样本构建多参数多指标的预测模型。将训练好的 BP 神经网络用来计算遗传算法中种群个体的适应度值,利用遗传算法的生物进化机制来实现 Y 形密封在多指标参数下的自适应多参数全局寻优。

第 2 章　Y 形纯水动密封几何与润滑模型

本章在分析凿岩机动密封结构原理基础上,建立旋转往复纯水动密封的几何模型,并依据普遍形式的雷诺方程,简化运动模型,建立符合旋转往复运动形式的二维雷诺方程。考虑钎尾的粗糙度影响,建立混合润滑理论模型,为后续密封性能和磨损性能等分析提供理论基础。

2.1　旋转往复密封运动几何模型

液压凿岩机作为凿岩机的一种,其核心功能为通过冲击机构将油液的压力能转换为钎杆的冲击能从而达到碎石的目的。在冲击系统的工作过程中,首先冲击油路向冲击活塞后腔供高压油液,由于冲击活塞前后腔受力面积的不同,冲击活塞在压力差的作用下向左加速撞击钎尾。当冲击活塞撞击钎尾时,冲击活塞后腔进油关闭,在冲击活塞前腔压力油的作用下回程,进入下一次冲击过程。通过这种方式实现冲击活塞不断输出冲击动能撞击钎尾,钎尾将冲击能经钎杆、钎头传递到岩石上实现凿岩的目的。液压凿岩机内部结构如图 2-1 所示。

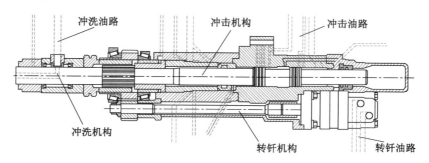

图 2-1　液压凿岩机结构原理图

图 2-2 所示为钎尾和冲击活塞在液压凿岩机一次冲击过程中的速度变化情况,冲击活塞在和钎尾碰撞之后速度直线下降并反向加速返回至初始位置,钎尾

在受到冲击活塞的撞击力后其速度变化近似于简谐运动,速度先迅速增大,并在钎头撞击岩石后速度迅速减小,随后速度又有两次变化并趋于稳定。这是因为在冲击活塞撞击钎尾后,钎尾中的动能是一个多次释放的过程,每次动能的释放都代表着一次钎头凿岩的过程,并且凿岩效果递减。

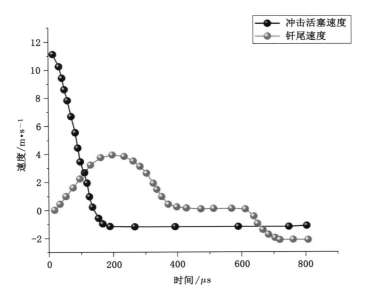

图 2-2　钎尾与冲击活塞速度的变化

通过对凿岩机冲击过程的分析可知,钎尾在运动中既有冲击活塞碰撞所产生的冲击运动,又有转钎机构带来的匀速旋转运动,以凿岩机一次冲击过程作为一个运动周期,可得钎尾冲击运动方程:

$$\begin{cases} u = \sum_{i,j=1}^{n} a_i \sin(b_j t) + Z \\ w = C \end{cases} \tag{2-1}$$

式中,u 为钎尾冲击速度,w 为旋转速度,Z 和 C 均为常数。利用 MATLAB 对钎尾的冲击速度进行拟合,得出钎尾冲击速度 u 的参数具体值,如表 2-1 所示。

表 2-1　钎尾冲击速度 u 的参数具体值

a_1	b_1	a_2	b_2	a_3	b_3	a_4	b_4	Z
0.576	0.005	4.754	0.008	3.607	0.009	0.717	0.019	0.001

2.2 雷诺方程及混合润滑模型

2.2.1 普遍形式的雷诺方程

考虑到动密封工况的复杂性,选择普遍形式的雷诺方程[91]作为密封油膜压力计算的主要理论依据,雷诺方程模型如图 2-3 所示。

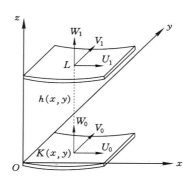

图 2-3 普遍形式的雷诺方程模型

为进一步简化模型作出如下假设:

(1)忽略油液体积力;

(2)忽略油膜压力、密度和黏度沿着 z 轴方向的变化;

(3)由于油膜厚度极薄忽略油膜曲率的影响,在直角坐标系中进行分析;

(4)板间的流体为牛顿流体。

在模型假设的前提下,可将上下板当作平板进行处理。下平板的任意一点 $K(x,y)$ 沿着 x、y、z 方向的速度分别为 U_0、V_0、W_0,上平板上点 L 到下平板的垂直距离为 $h(x,y)$,L 点沿着 x、y、z 方向的速度分别为 U_1、V_1、W_1,p 为介质压力,μ 为介质动力黏度。对板间的流体微元分别列受力平衡方程、牛顿黏性方程、连续性方程,最后可得普遍形式的雷诺方程:

$$\frac{\partial}{\partial x}\left(\frac{h^3}{12\mu}\frac{\partial p}{\partial x}\right)+\frac{\partial}{\partial y}\left(\frac{h^3}{12\mu}\frac{\partial p}{\partial y}\right)=\frac{U_0-U_1}{2}\frac{\partial h}{\partial x}+\frac{V_0-V_1}{2}\frac{\partial h}{\partial y}+\frac{h}{2}\frac{\partial(U_0+U_1)}{\partial x}+$$
$$\frac{h}{2}\frac{\partial(V_0+V_1)}{\partial y}+(W_0-W_1) \tag{2-2}$$

为保证密封可靠,密封圈经预压缩后与轴的表面紧密接触,故认为在 z 轴方向不存在相对运动,则 $W_0=W_1=0$。同时,假定轴固定不动 $U_0=V_0=0$,密封圈为匀速旋转,则 U_1 为常数,则 $\dfrac{\partial U_1}{\partial x}=0$。故化简后的雷诺方程为:

$$\frac{\partial}{\partial x}\left(\frac{h^3}{6\mu}\frac{\partial p}{\partial x}\right)+\frac{\partial}{\partial y}\left(\frac{h^3}{6\mu}\frac{\partial p}{\partial y}\right)=-U_1\frac{\partial h}{\partial x}-V_1\frac{\partial h}{\partial y}+h\frac{\partial V_1}{\partial y} \tag{2-3}$$

上式中的 x 方向为密封圈的圆周方向,忽略轴的偏心度、圆柱度等因素,则油膜压力和油膜的厚度在圆周方向的变化率为 0,并假设沿着轴向的速度恒定,则二维雷诺方程可以简化为一维的形式:

$$\frac{\partial}{\partial y}\left(h^3\frac{\partial p}{\partial y}\right)=6\mu V_1\frac{\partial h}{\partial y} \tag{2-4}$$

2.2.2　混合润滑模型

密封圈与轴在发生相对运动时,考虑密封圈与金属轴的粗糙度影响,可以建立密封圈的混合润滑模型。根据文献[67],由于密封圈的材料软,在充分磨合以后,金属轴的表面粗糙度仅为密封圈的十分之一,故可以假设金属轴表面光滑,密封圈表面粗糙,建立的混合润滑模型如图 2-4 所示。

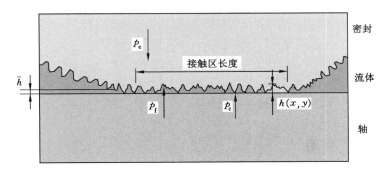

图 2-4　混合润滑模型

图 2-4 中,$h(x,y)$ 为接触区内的任意一点的油膜厚度(也可认为是粗糙表面的粗糙峰函数),$\bar{h}$ 为接触区的平均油膜厚度,p_f 为油膜压力,p_c 为接触压力,p_e 为密封圈弹力。要利用雷诺方程求解混合润滑模型中的油膜压力 p_f 的关键是如何表达 $h(x,y)$,即是如何描述粗糙表面。目前描述粗糙表面的方法有两类,即统计方法和确定性方法。统计方法运用统计函数来代替实际的粗糙峰函数,对于求解接触区的宏观的具有统计特点的参数(如膜厚和压力平均分布)具有很高的精度,缺点是无法求解具体某一点的数值。而确定性方法,需要用到先进的表面形貌测量仪器,而且需要性能优异的计算机以生成数值模型,工作量大,成本高[72]。故可以应用统计方法对粗糙表面进行描述,并且为简化计算,认

为油膜厚度 h 沿着密封圈宽度（宽度 B）方向不发生变化［函数 $h(x,y)$ 简化为 $h(x)$］。

大部分的机械加工表面粗糙度值符合高斯分布（正态分布）规律[71]，平均油膜厚度为：

$$\bar{h} = \frac{h}{2} + \frac{h}{2}\mathrm{erf}\left(\frac{h}{\sqrt{2}}\right) + \frac{1}{\sqrt{2\pi}}\mathrm{e}^{\left(\frac{-h^2}{2}\right)} = \sigma \tag{2-5}$$

式中，erf 为偏差函数，σ 为密封圈表面粗糙度（均方根粗糙度）。密封圈为弹性材料，密封在运动过程中产生的油膜压力 p_f 会作用于密封上，使之发生变形，发生变形后的密封间隙如图 2-5 所示。

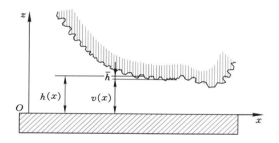

图 2-5　考虑粗糙度的密封间隙

由图 2-5 可知，对于平面任意点 (x,y) 处的油膜厚度为：

$$z(x) = \bar{h} + v(x) \tag{2-6}$$

式中，$v(x)$ 为由油膜压力产生的弹性变形。

由于 Y 形密封圈截面比较复杂，一般较难用弹性理论直接给出其弹性变形函数，为获得油膜厚度，一般利用仿真方法求解出密封接触应力，并假设接触应力等于油膜压力，然后再利用雷诺方程求解油膜厚度。

2.3　本章小结

（1）建立了 Y 形密封圈旋转往复运动的几何模型，忽略曲率影响，并对几何模型进行了简化。

（2）基于普遍形式的雷诺方程，结合 Y 形密封圈的工况对普遍形式的雷诺方程进行了简化，并且根据接触力学理论给出了密封圈发生变形后的油膜厚度计算方法。

第 3 章　旋转往复 Y 形纯水动密封有限元建模与仿真

　　液压凿岩机 Y 形密封的主要失效形式表现为在反复高速旋转和高频冲击作用下的疲劳失效和磨损失效。因此,研究 Y 形密封在密封过程中的应力变化情况极为必要。但由于 Y 形密封所用橡胶聚氨酯等弹性体材料复杂的非线性行为,在理论上无法对其进行求解,工程上常借助有限元法对密封的接触行为进行定量分析,并根据仿真结果,将动密封在密封过程中的等效应力和接触应力代入疲劳寿命和磨损量的计算模型中,即可得出动密封的疲劳损伤参量和磨损量。

3.1　Y 形动密封有限元建模

　　有限单元法是解决工程和数学物理相关问题的数值计算方法,在很多工程和数学领域中常常涉及复杂的几何形状、不规则载荷工况以及特殊材料特性等问题,并不能通过对其分析得到解析解,通过有限元法可将这些复杂的问题离散为若干子模型,通过对子模型的近似求解最终得出复杂问题的近似解。本书利用 ABAQUS 有限元软件对凿岩机冲洗机构密封进行分析,其分析的一般步骤如图 3-1 所示。

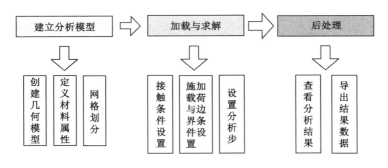

图 3-1　ABAQUS 有限元分析基本步骤

3.1.1 基于 ABAQUS 的有限元仿真模型

以阿特拉斯公司生产的 COP1025 型液压凿岩机为研究对象，COP1025 型液压凿岩机的基本参数如表 3-1 所示。

表 3-1　COP1025 凿岩机基本参数

冲击功率 /kW	冲击频率 /Hz	行程 /mm	往复速度 /(r·min^{-1})	最大转矩 /(N·m)	稳定冲洗压力 /MPa
5.5	50	1.5	350	175	3.5

Y 形密封选用耐水解聚氨酯材料，并对其截面进行参数化建模，如图 3-2 所示。其截面基本结构参数：唇厚 $A=2$ mm，倒角长度 $B=0.47$ mm，唇长度 $C=2.3$ mm，唇口深度 $D=1.95$ mm，唇谷夹角 $E=50°$，唇与钎尾夹角 $F=25°$，根部倒角 $J=0.42$ mm，高度 $H=6$ mm，根部宽度 $I=4.4$ mm。

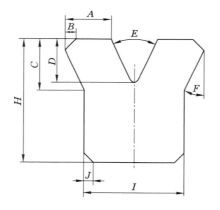

图 3-2　Y 形密封参数化模型

设凿岩机冲洗机构中两个 Y 形密封圈的工况参数和结构尺寸均一致，为简化分析，将密封结构简化为图 3-3 右侧所示的结构。

现有的研究在采用有限元分析法对密封圈进行仿真计算时，为了简化建模过程并减少仿真计算的时间大多采用二维模型进行计算。但是由于凿岩机的运动形式较为复杂，二维仿真模型并不能真实地表现出凿岩机 Y 形密封在钎尾高速旋转和高频冲击作用下应力状态的变化，因此采用全尺寸的三维仿真模型对凿岩机 Y 形密封进行仿真计算。根据简化的凿岩机冲洗机构，在 ABAQUS 中建立如图 3-4 所示的仿真几何模型。

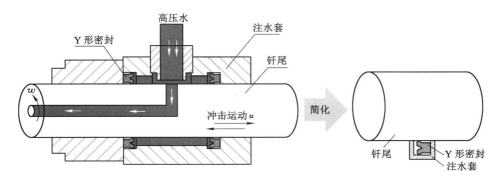

图 3-3　凿岩机冲洗机构几何结构简化

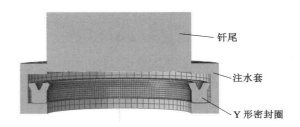

图 3-4　仿真几何模型

在建立好三维仿真模型后即可对仿真模型进行网格划分,网格划分是有限元分析中的重要步骤,并且网格的质量会直接影响计算的结果,因此要根据模型的几何特点合理划分网格。在 ABAQUS 网格划分中对于网格划分质量的把控主要分为三个方面,即单元类型选择、网格属性控制和网格数量。

对于单元类型选择,ABAQUS 根据节点位移插值的阶数将单元类型分为三类,分别为线性完全积分单元、二次完全积分单元和线性缩减积分单元,鉴于 Y 形密封圈在钎尾的旋转冲击作用下会发生网格的扭曲变形等情况,为了提高凿岩机 Y 形密封的仿真计算精度,采用线性缩减积分的六面体 C3D8R单元。

对于网格属性控制,在 ABAQUS 中有两种可供选择的网格划分算法,分别为 Medial Axis(中性轴算法)和 Advancing Front(进阶算法)。其中,中性轴算法容易得到单元形状规则的网格,但网格和种子位置的吻合较差,而进阶算法则容易得到大小均匀的网格,但是在较为狭窄的部位可能使网格歪斜。鉴于凿岩机冲洗机构的几何结构特点,在对仿真模型的 3 个部件进行网格属性定义时,钎尾采用中性轴算法划分扫掠网格并采用最小网格过渡提高网格质量,注水套和Y形密封圈则采用进阶算法划分的扫掠网格。

对于网格数量,网格数量的多少会直接影响仿真分析的计算精度和计算规模,一般情况下,网格数量增加,仿真求解的精度也会有所提高,但是也会带来计算量的增加,因此在仿真分析时要在计算规模允许的情况下尽量地提高网格的数量。仿真模型的网格划分的结果如图 3-5 所示,模型中共包含 243 910 个单元、260 079 个节点。

图 3-5　仿真模型的网格划分结果

3.1.2　材料模型

Y形密封所用的聚氨酯弹性体材料属于橡胶类材料,产生于 20 世纪 30 年代,由奥托·拜尔发明,由于聚氨酯出色的稳定性、耐化学性、弹性、抗冲击性、耐磨性、抗蠕变等性质,使其成为动密封工况下密封圈的主要材料。

聚氨酯弹性体在外载荷作用下的力学行为异常复杂,具体表现为在静载荷下的非线性弹性行为,在循环交变载荷下的黏弹性行为,在预应力作用下的马林斯效应。由于聚氨酯弹性体的特殊性,在对其进行材料特性定义时不能类比金属材料用弹塑性曲线来表示。目前国内外学者先后提出了几大变形本构模型来表征聚氨酯弹性体的力学行为,在工程实际中应用最为广泛的是二参数 Mooney-Rivlin 本构模型[92]。其函数表达式为:

$$W = C_{10}(I_1 - 3) + C_{01}(I_2 - 3) \tag{3-1}$$

式中,C_{10}、C_{01} 为 Mooney-Rivlin 常数;I_1、I_2 分别为第一、第二 Green 应变不变量。本书的聚氨酯弹性体 Mooney-Rivlin 常数取为 $C_{10} = 1.87$、$C_{10} = 0.47$,密度取值为 1.2 g/cm³。

仿真模型中,钎尾和注水套的材料均为结构钢,对其材料属性定义为:弹性模量为 210 000 MPa,泊松比为 0.3,密度为 7.85×10^{-9} t/mm³。

由于聚氨酯弹性体材料的特殊属性,对建立的有限元模型作出如下假设:

(1) 聚氨酯弹性体具有确定的弹性模量和泊松比;

(2) Y 形密封的受力关于钎尾中心对称;

(3) 聚氨酯弹性体的蠕变不引起体积的变化;

(4) 忽略水介质温度的变化对 Y 形密封的影响。

3.1.3　接触条件与分析步设置

凿岩机 Y 形密封在工作过程中有 3 个接触对,包括 Y 形密封内侧密封唇和钎尾轴之间的滑动接触面、Y 形密封端面与注水套之间的接触面和 Y 形密封外侧密封唇与注水套之间的接触面。在 ABAQUS 对接触的定义中,通常将刚度大的定义为主面,刚度小的定义为从面,具体如图 3-6 所示。

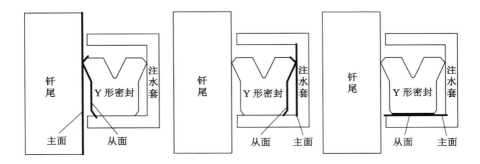

图 3-6　接触对示意图

接触问题广泛存在于各类工程实际问题中,并且是较为复杂的非线性问题。对接触问题进行有限元分析,实际上是将接触问题转化为相应的力学模型,对力学模型进行近似数值计算。本仿真模型主要研究的是 Y 形密封在钎尾的高速旋转和高频冲击作用下的应力变化规律,而在对 Y 形密封进行加载的过程中,Y 形密封与钎尾和注水套的接触面积会由小变大,为了防止计算时产生的相互渗透而导致计算发散,在仿真中对接触问题采用罚函数法。其表达式为:

$$\prod_p = \frac{1}{2p^T E_p p} \tag{3-2}$$

式中,E_p 是惩罚因子;p 为单元植入深度;T 为接触约束的总数。在罚函数法中,两个接触面间能产生一定量的滑动,便于提高求解非线性接触问题的精度。

建立接触对时需要确定两个接触面间的摩擦系数,但是摩擦系数会受到两个接触面的材料属性、润滑情况和接触压力等因素的影响。鉴于纯水介质的黏度较低,使得 Y 形密封和钎尾之间的润滑膜很薄且不稳定,摩擦系数取为 0.3。

Y 形密封在密封过程中主要依靠两个密封唇于钎尾和注水套之间进行接触,在冲洗水压力和钎尾对密封挤压的综合作用下,密封唇与耦合面之间产生接触压力从而实现对内部冲洗水的密封。根据对凿岩机冲洗机构密封过程和凿岩机钎尾的运动分析可得,Y 形密封圈在密封过程中主要受到三个载荷的作用:

(1)在安装过程中钎尾对 Y 形密封圈的挤压也就是预压缩量;

(2)冲洗水对 Y 形密封圈唇谷以及密封唇上的压力作用,如图 3-7 所示;

(3)钎尾在高速旋转和高频冲击过程中,密封耦合面间的摩擦力对 Y 形密封圈的作用。

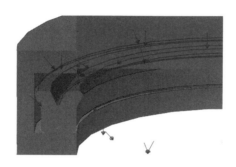

图 3-7 介质压力的加载示意图

根据动密封在密封过程中所受的载荷和 Y 形密封圈的密封原理,将整个有限元分析过程分为三步:第一步,对钎尾施加轴向位移,实现对 Y 形密封圈的预压缩;第二步,对 Y 形密封圈端部施加 3 MPa 的水压,让其处于高压水密封状态下;第三步,根据前文对钎尾冲击速度的分析,对钎尾施加旋转和冲击速度,具体设置如图 3-8 所示。

对于钎尾速度的设置主要分为旋转速度的设置和冲击速度的设置,但是由于冲击速度的变化较为复杂,直接根据冲击速度的变化进行设置参数容易造成计算量较大,仿真时间过长的现象。因此根据钎尾冲击过程中 Y 形密封圈所受作用力不同,对冲击过程进行划分,分段进行仿真计算。

凿岩机 Y 形密封的动密封过程主要分为两部分:一是外行程即钎杆向外伸出的时候,在密封耦合面间摩擦力的作用下带动 Y 形密封圈的密封唇向外扩张;二是内行程即钎杆向内运动,在密封耦合面间摩擦力的作用下对 Y 形密封

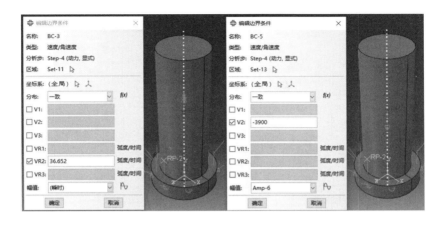

图 3-8　钎尾速度设置

圈的密封唇进行挤压,如图 3-9 所示。

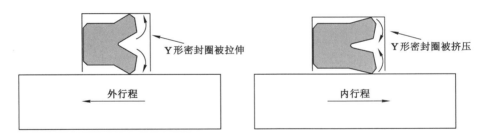

图 3-9　Y 形密封圈内外行程受力分析

在凿岩机的凿岩过程中,钎尾的旋转速度和注水套的水压均为定值,只有冲击速度在一直变化,因此对凿岩机 Y 形密封的应力变化进行分析,实际为分析其在不同冲击速度下的应力状态。Y 形密封的密封过程主要分为外行程和内行程两部分,其中外行程时钎尾的冲击速度分为加速和减速两个阶段,钎尾在加速和减速过程中的惯性力方向完全相反对 Y 形密封产生力的作用也会有区别,因此为减小计算量并更好地展现 Y 形密封在钎尾冲击过程中的应力变化状态,将凿岩机钎尾的冲击过程划分为外行程加速、外行程减速和内行程加速三个阶段,如图 3-10 所示。

借助 ABAQUS 中幅值曲线功能,分别对冲击过程三个阶段的冲击速度进行设置,三个阶段的幅值曲线设置如图 3-11 所示。

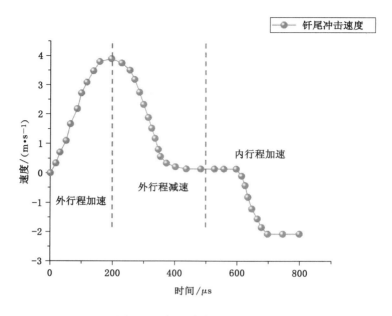

图 3-10 钎尾冲击过程的划分

图 3-11 幅值曲线设置

3.2 仿真模型可行性验证

由于试验条件有限,为验证所建立的凿岩机 Y 形密封仿真模型的可靠性,选取相关文献中的实验数据,以密封圈外行程时密封副耦合面间的摩擦力作为

目标参数进行对比验证[93]。密封副耦合面间摩擦力计算公式如下:

$$f = \pi D \int_0^s P_{(x)} u_{(x)} \mathrm{d}x \qquad (3-3)$$

式中　f——密封圈所受摩擦力;

　　　D——钎尾直径;

　　　$P_{(x)}$——x 处的接触应力;

　　　$u_{(x)}$——x 处的摩擦系数(均取 0.3);

　　　s——接触路径长度。

在所建立的仿真模型基础上,设置与文献中相同的仿真参数值、Y 形密封圈的结构参数和约束,分别对内行程介质压力为 0.1 MPa、0.3 MPa、0.5 MPa、0.7 MPa、1 MPa 时的 Y 形密封圈进行仿真,各介质压力下的仿真结果如图 3-12所示。

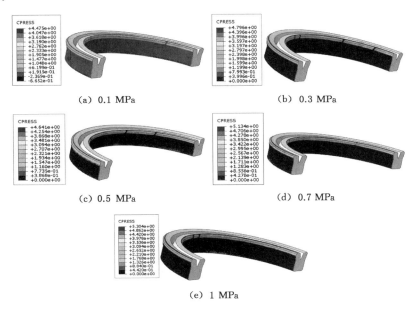

图 3-12　不同介质压力下的 Y 形密封圈接触应力云图

提取各介质压力下仿真结果中的接触应力代入 Y 形密封圈所受摩擦力的计算公式(3-3)中进行计算,得出的计算结果与文献中的实验结果如图 3-13 所示。从图中可以看出,仿真和实验得出的 Y 形密封圈摩擦力随介质压力的变化趋势基本一致,且结果误差均在 10% 以内,因此可以认定本次建立的仿真模型是可信的。

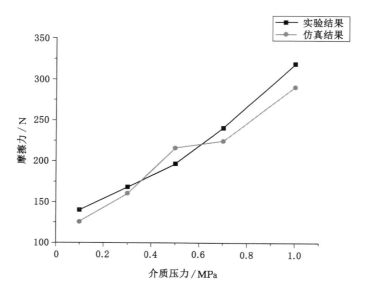

图 3-13　仿真结果与实验结果对比

3.3　旋转往复 Y 形纯水动密封有限元仿真分析

在确定密封圈的材料模型并进行有限元前处理后,就可以对模型进行仿真分析,研究不同工况对密封圈主应力、接触应力及应变影响的规律。

范·米塞斯于 1913 年提出 von Mises 屈服准则:当材料处于塑形状态时,其等效应力恒定不变。其综合考虑了第一主应力、第二主应力及第三主应力的影响应力值为:

$$\sigma = \sqrt{\left[(\sigma_1 - \sigma_2)^2 + (\sigma_2 - \sigma_3)^2 + (\sigma_3 - \sigma_1)^2\right]/2} \tag{3-4}$$

式中,σ_1、σ_2、σ_3 分别为第一主应力、第二主应力和第三主应力。一般而言,密封圈在主应力最大的区域最容易出现撕裂破坏[60]。

3.3.1　静密封工况

设密封圈完成预压缩装配,但轴未发生往复运动时的情形为静密封工况。Y 形密封圈的预压缩量 $\lambda = 1.2$ mm,摩擦系数 $\mu = 0.3$,密封圈与轴保持静止则 $U_1 = 0$、$V_1 = 0$。将仿真模型沿 XOY 坐标平面截开,可得到应力云图和接触应力云图,如图 3-14 和图 3-15 所示。

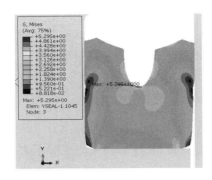

图 3-14　主应力云图

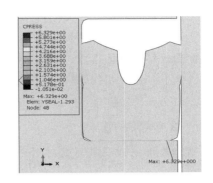

图 3-15　接触应力云图

　　沿着接触方向(Y 轴方向)顺次选择密封圈上与轴发生接触的节点,建立接触路径 Path-1,运用 ABAQUS 的数据输出功能,可以输出接触区域节点的接触应力值以及节点的纵坐标。以节点距离为 X 轴,节点应力值为 Y 轴作图,得接触应力分布曲线如图 3-16 所示。

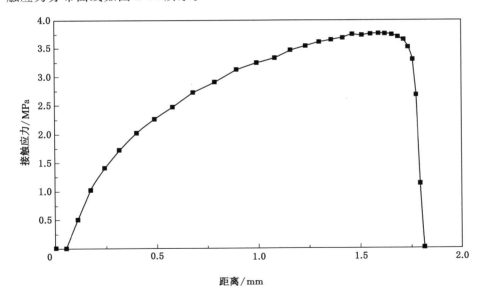

图 3-16　接触应力曲线

　　静密封状态时的最大等效应力出现在密封圈 U 形口的底部,约为 5.30 MPa,在 U 形口底部及两侧区域有应力集中现象易发生损坏。静密封状态时的最大接触应力出现在密封圈的底面上,约为 6.33 MPa,由于密封圈与轴在工作时会发生相对运动,接触应力变化大,交变接触应力大,相比于密封圈的底面,密封唇更容易发生疲劳破坏和摩擦损坏。由接触应力曲线还可发现,在静密封状态时的最大接触应力为 3.76 MPa,略大于密封圈的工作压力 3 MPa,并且在接触区域的后半段(距离≥1 mm)接触应力分布均匀,有利于提高密封圈的静密封性能。

3.3.2 旋转速度的影响

在预压缩完成后进行密封圈的动态仿真,保持 $U_1 = 0.2$ m/s、密封压力 $p = 3$ MPa、预压缩量 $\lambda = 1.2$ mm 和摩擦系数 $\mu = 0.3$ 不变,改变旋转速度 V_1 的值进行仿真,即可得出旋转速度对密封性能的影响,由旋转往复几何模型可知,密封圈在往复运动时的速度会呈现正弦变化,而旋转运动的速度比较稳定。利用 ABAQUS 对简化模型进行分析,密封轴沿着 Y 轴方向的旋转速度 V_1 分别设置为 0.7 m/s、0.75 m/s、0.8 m/s、0.85 m/s 进行仿真。绘制主应力云图,同时绘制最大主应力和最大接触应力与旋转速度的关系曲线图。

3.3.2.1 主应力

对旋转速度 V_1 分别为 0.7 m/s、0.75 m/s、0.8 m/s、0.85 m/s 进行仿真,可得对应旋转速度的主应力云图,如图 3-17 所示。分析 Y 形纯水动密封在不同旋转速度下的主应力云图可知,密封圈在内行程时的最大主应力位于 U 形口底部,而在外行程时最大主应力位于密封圈唇口,在外行程时的最大主应力大于内行程的最大主应力。旋转速度的改变对内外行程的主应力均有影响,当旋转速度为 0.7 m/s 时,内外行程的主应力最大,分别约为 4.71 MPa 和 5.89 MPa。通过主应力云图可得最大主应力与旋转速度的关系曲线如图 3-18 所示。

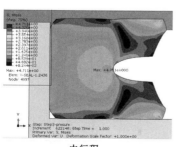
内行程

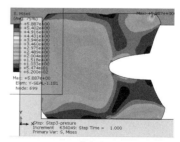
外行程

(a) $V_1 = 0.7$ m/s 时的主应力云图

图 3-17 不同旋转速度的主应力云图

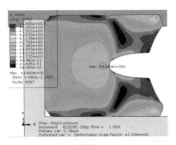 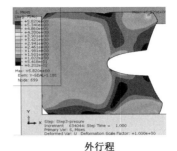

内行程　　　　　　　　　　　　　　外行程

(b) $V_1 = 0.75$ m/s 时的主应力云图

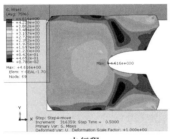 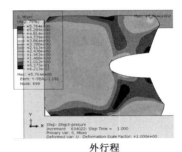

内行程　　　　　　　　　　　　　　外行程

(c) $V_1 = 0.8$ m/s 时的主应力云图

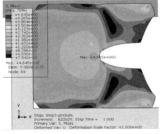 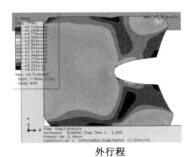

内行程　　　　　　　　　　　　　　外行程

(d) $V_1 = 0.85$ m/s 时的主应力云图

图 3-17　(续)

　　由最大主应力与旋转速度的关系曲线可知,密封圈在外行程时随着旋转速度的增加最大主应力呈现轻微的下降趋势,密封圈在内行程时随着旋转速度的增加最大主应力先轻微减小后轻微增加,同时,还可以看出旋转速度对于密封圈的最大主应力影响很小,内外行程的最大主应力变化分别为 0.10 MPa 和 0.17 MPa。

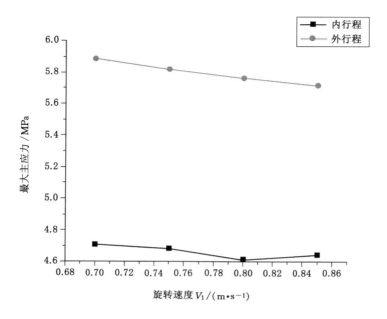

图 3-18　最大主应力与旋转速度的关系曲线

3.3.2.2　接触应力

对旋转速度 V_1 分别为 0.7 m/s、0.75 m/s、0.8 m/s、0.85 m/s 进行仿真，得接触应力云图如图 3-19 所示。

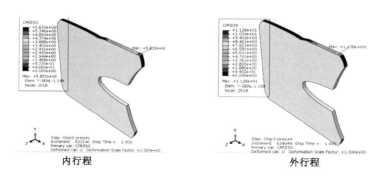

（a）　$V_1 = 0.7$ m/s 时的接触应力云图

图 3-19　不同旋转速度的接触应力云图

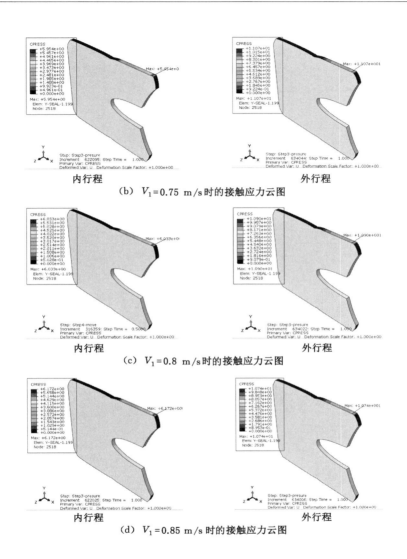

（b）$V_1 = 0.75$ m/s 时的接触应力云图

（c）$V_1 = 0.8$ m/s 时的接触应力云图

（d）$V_1 = 0.85$ m/s 时的接触应力云图

图 3-19　（续）

　　当旋转速度 V_1 在 0.7～0.85 m/s 之间变化时，密封圈在内行程和外行程的最大接触应力均位于密封唇唇口处，旋转速度的改变对于密封圈内外行程的接触应力均有影响，当旋转速度为 0.7 m/s 时外行程的接触应力最大，约为 11.28 MPa；当旋转速度为 0.85 m/s 时内行程的接触应力最大，约为 6.17 MPa。通过接触力云图可得最大接触应力与旋转速度的关系曲线如图 3-20 所示。

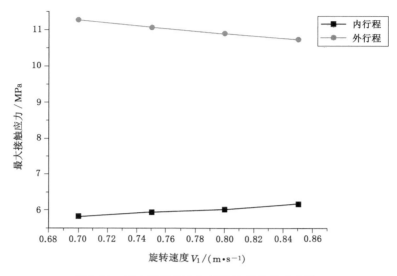

图 3-20　最大接触应力与旋转速度的关系曲线

从最大接触应力与旋转速度的关系曲线可知,随着旋转速度 V_1 的增加密封圈在内行程的最大接触应力呈现轻微的上升趋势,而外行程的最大接触应力呈现轻微下降趋势。

为分析旋转速度对接触应力的影响规律,将接触区域内节点的坐标值和节点的应力值提取出来,并输入 Origin 中绘制接触应力曲线,如图 3-21 所示。

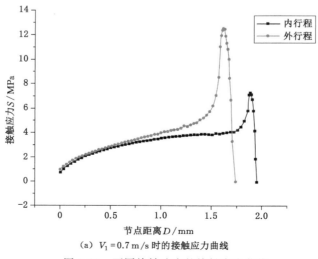

（a）$V_1 = 0.7$ m/s 时的接触应力曲线

图 3-21　不同旋转速度的接触应力曲线

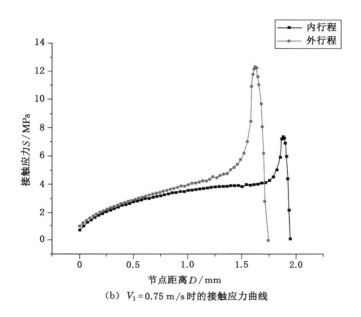

（b）$V_1 = 0.75$ m／s时的接触应力曲线

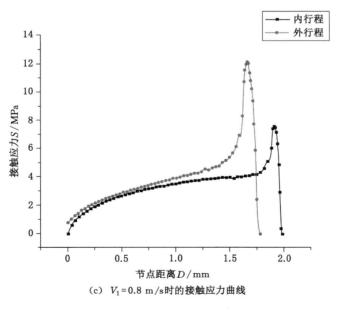

（c）$V_1 = 0.8$ m／s时的接触应力曲线

图 3-21　（续）

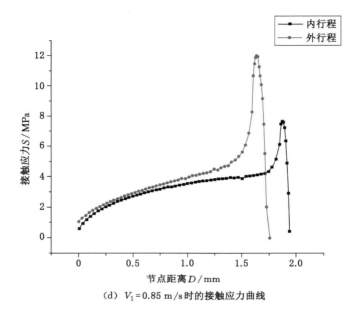

（d）$V_1 = 0.85$ m/s时的接触应力曲线

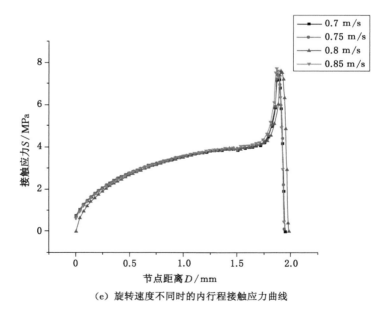

（e）旋转速度不同时的内行程接触应力曲线

图 3-21 （续）

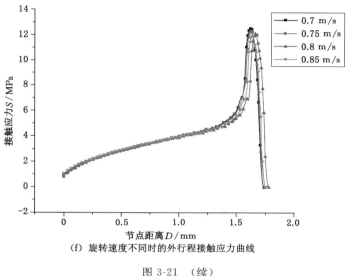

（f）旋转速度不同时的外行程接触应力曲线

图 3-21 （续）

　　分析 Y 形纯水动密封在不同旋转速度下的接触应力曲线分布图可知,在接触区域的同一点处,外行程的接触应力均大于内行程,随着旋转速度的增加,接触应力曲线并未发生明显变化,旋转速度对于接触应力的影响较小。

　　图 3-22 为旋转速度对密封接触长度的影响。从图中可知,内行程接触长度大于外行程的接触长度,且接触长度受旋转速度的影响小,内行程时密封圈的接触长度为 1.93～1.98 mm,外行程时密封圈的接触长度为 1.73～1.77 mm。

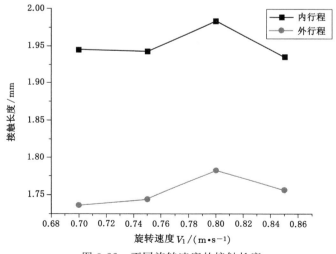

图 3-22　不同旋转速度的接触长度

3.3.3 往复速度的影响

为研究往复速度对主应力及接触应力的影响,保持 $V_1 = 0.8$ m/s、密封压力 $p = 3$ MPa、预压缩量及摩擦系数不变,改变 U_1 的值进行仿真,由于密封圈在往复运动时的速度会呈现正弦变化,U_1 在 $0 \sim 0.2$ m/s 之间变化,将 U_1 的速度设置为 0 m/s、0.05 m/s、0.1 m/s、0.15 m/s、0.2 m/s 进行仿真。仿真完成后,绘制主应力云图和接触应力云图。

3.3.3.1 主应力

当往复速度 U_1 分别设置为 0.05 m/s、0.1 m/s、0.15 m/s、0.2 m/s 时,经仿真得主应力云图,如图 3-23 所示。

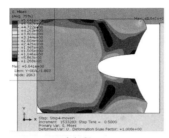

内行程   外行程

(a) $U_1 = 0.05$ m/s 时的主应力云图

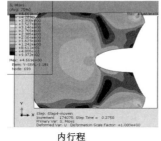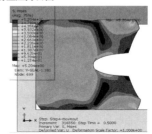

内行程   外行程

(b) $U_1 = 0.1$ m/s 时的主应力云图

内行程   外行程

(c) $U_1 = 0.15$ m/s 时的主应力云图

图 3-23 不同往复速度的主应力云图

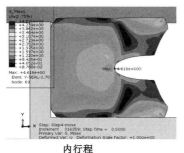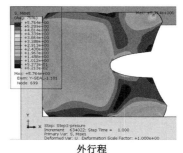

内行程　　　　　　　　　　　　　　　外行程

(d) $U_1 = 0.2$ m/s 时的主应力云图

图 3-23　(续)

　　由 Y 形纯水动密封往复速度不同时的主应力云图可知,密封圈的密封内唇唇口、外唇唇口和密封圈的底面的主应力值较大。密封内唇的唇缘、外唇的唇缘和 U 形口的底部出现了应力集中现象,在密封的运动过程中容易发生强度损坏。往复速度的变化会影响主应力的分布,当 $U_1 = 0.05$ m/s 时内行程的主应力最大,约为 5.64 MPa;当 $U_1 = 0.15$ m/s 时外行程的主应力最大,约为 6.88 MPa。不同往复速度的最大主应力如图 3-24 所示。从图中可知最大等效应力与往复速度之间没有明显的线性关系,最大主应力值随着往复速度的增大而发生了波动的现象,最大主应力受往复速度的影响较大,内外行程的最大主应力变化分别为 1.03 MPa 和 1.68 MPa。

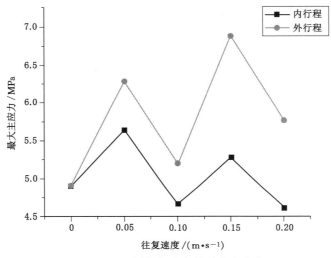

图 3-24　不同往复速度的最大主应力

3.3.3.2 接触应力

对往复速度 U_1 分别为 0.05 m/s、0.1 m/s、0.15 m/s、0.2 m/s 时进行仿真，可得不同往复速度下的接触应力云图，为了分析在接触方向上的接触应力的分布规律，将接触区域内节点的坐标值和节点的应力值提取出来，并输入 Origin 中绘制接触应力曲线，如图 3-25 所示。

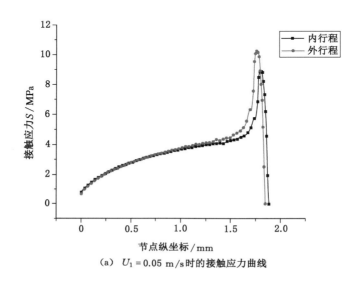

（a） $U_1 = 0.05$ m/s时的接触应力曲线

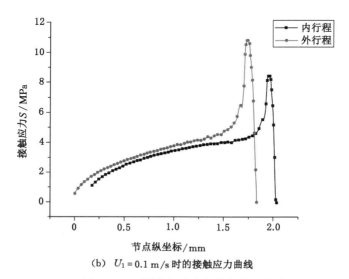

（b） $U_1 = 0.1$ m/s 时的接触应力曲线

图 3-25　不同往复速度的接触应力曲线

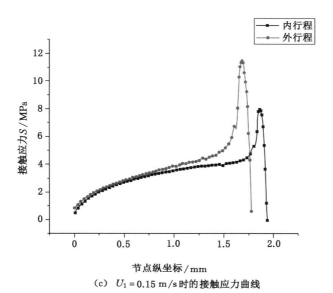

（c）　$U_1 = 0.15$ m/s 时的接触应力曲线

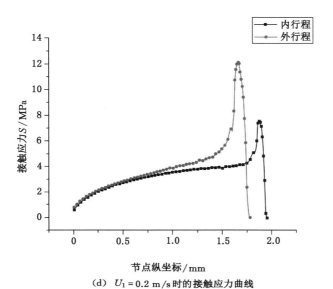

（d）　$U_1 = 0.2$ m/s 时的接触应力曲线

图 3-25　（续）

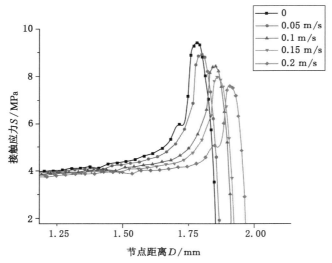

（e）往复速度不同时的内行程接触应力曲线

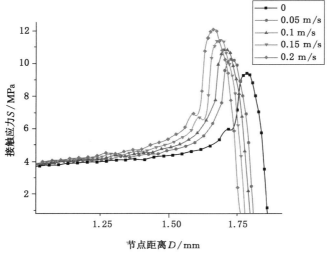

（f）往复速度不同时的外行程接触应力曲线

图 3-25 （续）

　　分析 Y 形纯水动密封在不同往复速度下的接触应力曲线分布图可知,在接触区域的同一点处,外行程的接触应力均大于内行程,密封圈的接触应力在密封唇的唇口处的梯度大,在很短的接触区域内接触应力增大到了很大的值,这样的接触应力分布对于唇口油膜的形成非常不利,过大的接触应力值使得油膜承受的载荷大,油膜的厚度薄容易发生破裂。

　　Y 形纯水动密封在不同往复速度下的最大接触应力如图 3-26 所示,最大接触应力与往复速度之间呈现出明显的线性关系,随着往复速度的增加内行程的最大接触应力减小,外行程的最大接触应力增加。分析不同往复速度下的接触长度,如图 3-27 所示,密封圈在内行程时随着往复速度的增加,接触长度增加;在外行程时随着往复速度的增加,接触长度减小。由上分析可知,密封圈的磨损寿命受往复速度的影响很大,在一定范围内往复速度越大,密封圈在外行程时的接触应力越大,接触长度越短,密封圈的磨损越严重。

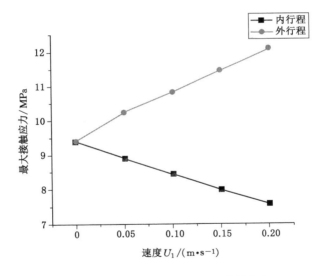

图 3-26　不同往复速度的最大接触应力

3.3.4　摩擦系数的影响

　　为研究摩擦系数对最大等效应力的影响,保持旋转速度 $V_1 = 0.8$ m/s,往复速度 $U_1 = 0.2$ m/s,密封压力 $p = 3$ MPa 及预压缩量不变,摩擦系数分别设置为 0.25、0.3、0.35、0.4 时进行仿真。可得主应力云图、接触应力云图和接触应力曲线。

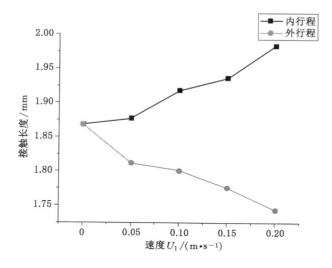

图 3-27　不同往复速度的接触长度

3.3.4.1　主应力

设置摩擦系数为 0.25、0.3、0.35、0.4，经仿真得主应力云图，如图 3-28 所示。

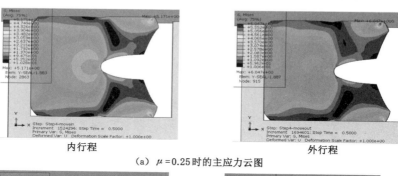

内行程　　　　　　　　　　　　　外行程

（a）$\mu=0.25$ 时的主应力云图

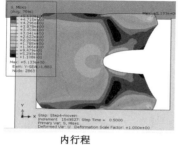
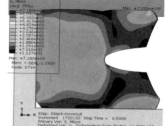

内行程　　　　　　　　　　　　　外行程

（b）$\mu=0.3$ 时的主应力云图

图 3-28　不同摩擦系数的主应力云图

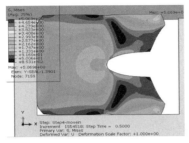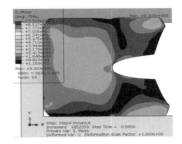

内行程　　　　　　　　　　　　　　外行程

（c）$\mu = 0.35$ 时的主应力云图

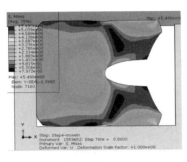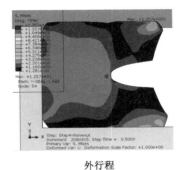

内行程　　　　　　　　　　　　　　外行程

（d）$\mu = 0.4$ 时的主应力云图

图 3-28　（续）

　　分析 Y 形动密封在不同摩擦系数下的主应力云图可知，内行程和外行程的最大主应力都位于密封内唇的唇口处，摩擦系数的变化会影响主应力云图。随着摩擦系数的增加密封圈在内行程和外行程的主应力均增大，但是在内行程时受摩擦系数的影响小，外行程时受摩擦系数的影响大，内外行程的最大主应力变化分别约为 0.42 MPa 和 6.52 MPa。

　　根据分析不同摩擦系数下的最大主应力图 3-29 发现，内行程的最大主应力受摩擦系数的影响小，而外行程的最大主应力随着摩擦系数的增加迅速增大。减小摩擦系数有利于降低密封圈外行程时的发生强度破坏的概率。

3.3.4.2　接触应力

　　当摩擦系数分别设置为 0.25、0.3、0.35、0.4 时，可得到不同摩擦系数下的接触应力云图，为分析摩擦系数对接触应力的影响规律，将接触区域内节点的坐标值和节点的应力值提取出来，并输入 Origin 中绘制接触应力曲线，如图 3-30所示。

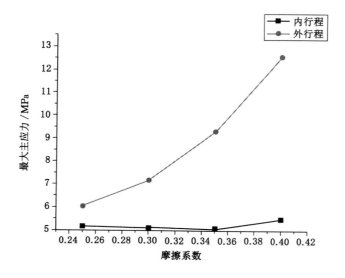

图 3-29　不同摩擦系数的最大主应力

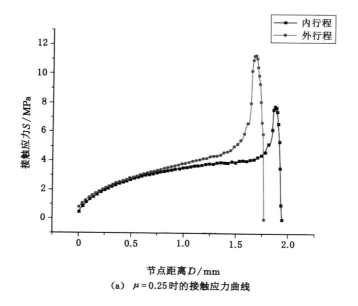

节点距离 D / mm

（a）$\mu = 0.25$ 时的接触应力曲线

图 3-30　不同摩擦系数的接触应力曲线

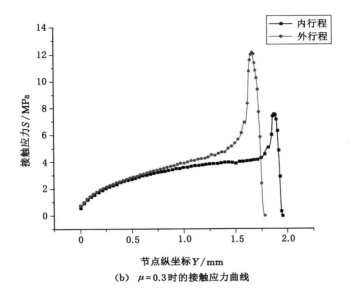

（b）　$\mu=0.3$ 时的接触应力曲线

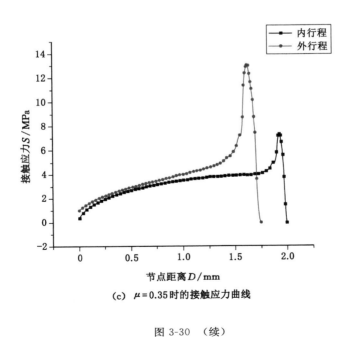

（c）　$\mu=0.35$ 时的接触应力曲线

图 3-30　（续）

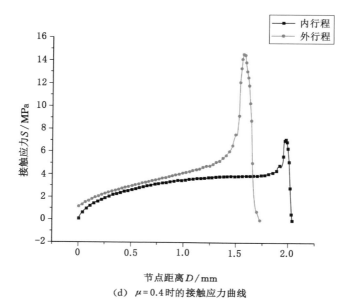

（d）$\mu=0.4$时的接触应力曲线

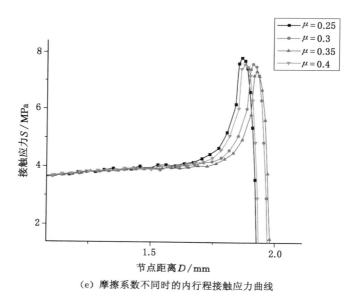

（e）摩擦系数不同时的内行程接触应力曲线

图 3-30 （续）

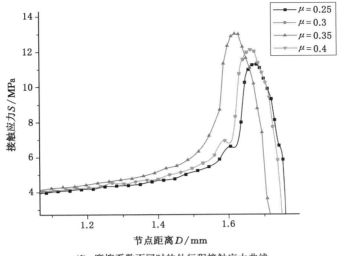

（f）摩擦系数不同时的外行程接触应力曲线

图 3-30　（续）

　　分析 Y 形纯水动密封在不同摩擦系数时的接触应力曲线可知,摩擦系数会影响内外行程接触应力的分布情况,但对内行程的接触应力的影响较小,对外行程的接触应力影响较大,内外行程的接触应力变化分别为 0.5 MPa 和 1.72 MPa。

　　图 3-31 和图 3-32 分别为摩擦系数不同时的最大接触应力和接触长度曲线。从图中可知,摩擦系数在 0.25～0.35 之间时,密封圈在内行程的最大接触应力随着摩擦系数的增加而减小,而外行程的接触应力随着摩擦系数的增加而增大。当摩擦系数增大到 0.4 时,内行程的最大接触应力增大而外行程的最大接触应力反而减小。导致这种情况的主要原因是,当摩擦系数增加到 0.3 以后,密封前唇面开始与活塞杆接触,密封圈的前唇接触区增长,使得最大等效应力减小。

3.3.5　温度的影响

　　温度对于密封圈的材料特性有着重要的影响,温度升高会导致密封圈的材料硬度和弹性模量降低。为研究温度对密封性能的影响,需要构建温度与 Mooney-Rivlin 常数之间的对应关系,橡胶材料的硬度与温度关系为:

$$H = H_0 + \beta(T - 23) \tag{3-5}$$

式中　T——环境温度;

　　　H——材料硬度;

　　　H_0——标准温度下的材料硬度;

　　　β——温度修正系数。

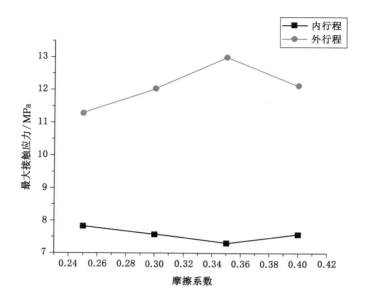

图 3-31　不同摩擦系数的最大接触应力

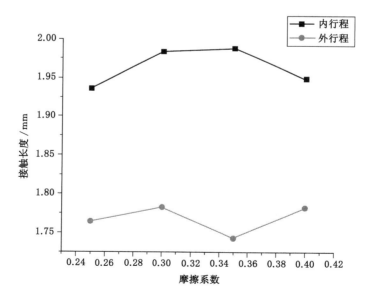

图 3-32　不同摩擦系数的接触长度

　　橡胶材料的温度修正系数可以由标准试件在标准温度下由实验方式测得[94]，如表 3-2 所示。对于橡胶材料的 Mooney-Rivlin 模型，材料常数 C_{10}、C_{01} 可由如下经验公式求得[95]：

$$\lg E = 0.019\ 8H - 0.543\ 2 \tag{3-6}$$
$$E = 6(C_{10} + C_{01}) \tag{3-7}$$
$$C_{10} = 4C_{01} \tag{3-8}$$

式中　E——橡胶材料的弹性模量；

　　　H——橡胶材料的硬度。

表 3-2　不同硬度橡胶材料的温度修正系数

标准试样硬度 H（IRHD）	温度修正系数 β
40～45	$\beta = -0.037$
50～55	$\beta = -0.053$
60～65	$\beta = -0.145$
70～75	$\beta = -0.130$
80～85	$\beta = -0.175$
90～95	$\beta = -0.115$

　　通过公式（3-5）、公式（3-6）和公式（3-7），可以求得不同温度下的材料硬度、弹性模量，再通过弹性模量值可以求得材料常数 C_{10}、C_{01}，如表 3-3 所示。

表 3-3　不同温度下的材料常数

温度 T/℃	硬度 H（IRHD）	弹性模量 E/MPa	材料常数 C_{10}/MPa	材料常数 C_{01}/MPa
20	85	14.04	1.87	0.47
40	82	12.05	1.61	0.40
60	79	10.50	1.40	0.35
80	75	8.76	1.17	0.29

　　将表 3-3 中的值输入 ABAQUS 的仿真模型材料属性定义栏中，即可进行不同温度情况下的动密封仿真。

3.3.5.1　主应力

　　当密封圈的工作温度分别为 20 ℃、40 ℃、60 ℃、80 ℃时，通过改变材料常数的取值，研究不同环境温度对密封圈密封性能的影响，经仿真得主应力云图如图 3-33 所示。

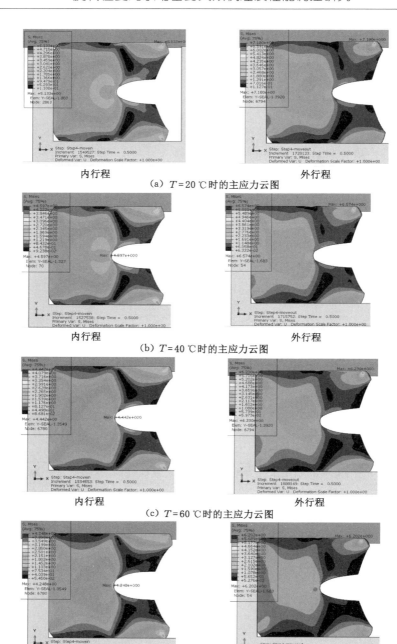

内行程　　　　　　　　　　　　　　外行程

（a）$T=20$ ℃时的主应力云图

内行程　　　　　　　　　　　　　　外行程

（b）$T=40$ ℃时的主应力云图

内行程　　　　　　　　　　　　　　外行程

（c）$T=60$ ℃时的主应力云图

内行程　　　　　　　　　　　　　　外行程

（d）$T=80$ ℃时的主应力云图

图 3-33　不同温度的主应力云图

由 Y 形纯水动密封在不同温度下的主应力云图可知,密封圈在内行程时的最大主应力位于 U 形口的底部和外唇唇口,而在外行程时最大主应力位于外唇唇口,在外行程时的最大主应力大于内行程的最大主应力。温度的改变对内外行程的主应力均有影响,当温度为 20 ℃时,内外行程的主应力最大,分别约为 5.13 MPa 和 7.18 MPa。

通过主应力云图可得最大主应力与温度的关系曲线如图 3-34 所示。

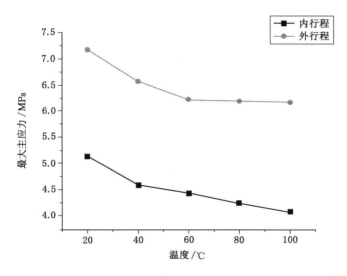

图 3-34　不同温度的最大主应力

随着温度的升高内外行程的最大主应力均较小,并且减小的幅度较大,内外行程最大主应力的变化分别约为 0.89 MPa 和 0.98 MPa。温度的升高使得密封圈的最大主应力降低,密封圈在应力集中区域的应力幅变小,在较高温度下工作时,密封圈疲劳寿命增长。

3.3.5.2　接触应力

当密封工作温度分别为 20 ℃、40 ℃、60 ℃、80 ℃时,经仿真可得接触应力云图,将接触应力数据提取出来绘制接触应力曲线,如图 3-35 所示。

由图 3-35 可知,在接触区域的同一点处外行程的接触应力均大于内行程。随着温度增加内外行程的接触应力的峰值大小与峰值位置均发生明显变化,温度对于内外行程的接触应力分布影响明显。温度与最大接触应力和接触长度的关系曲线如图 3-36 和图 3-37 所示。

由不同温度时的最大接触应力曲线可知,温度与最大接触应力呈现出线性关系,随着温度的升高密封圈在内外行程的最大接触应力值均减小。由不同温

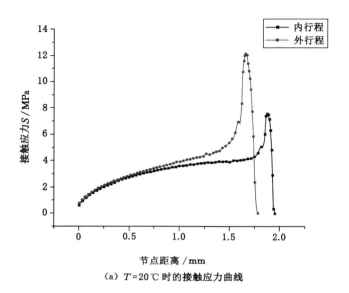

（a）$T=20\,^{\circ}\mathrm{C}$ 时的接触应力曲线

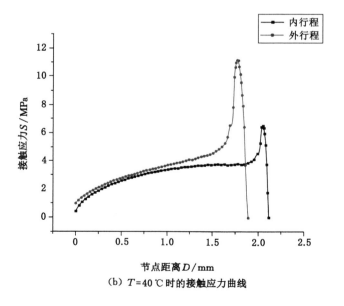

（b）$T=40\,^{\circ}\mathrm{C}$ 时的接触应力曲线

图 3-35　不同温度的接触应力曲线

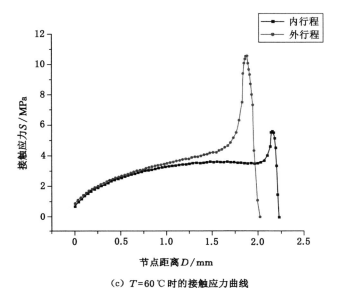

（c）T=60 ℃时的接触应力曲线

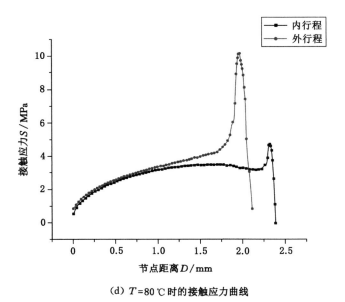

（d）T=80 ℃时的接触应力曲线

图 3-35　（续）

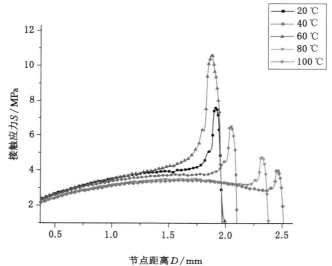

（e）温度不同时的内行程接触应力曲线

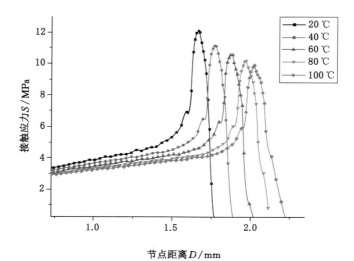

（f）温度不同时的外行程接触应力曲线

图 3-35 （续）

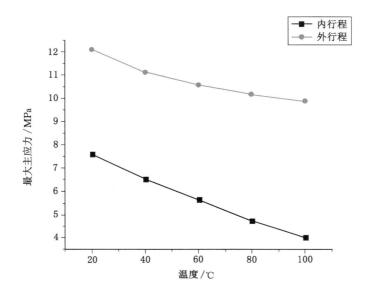

图 3-36 不同温度的最大接触应力

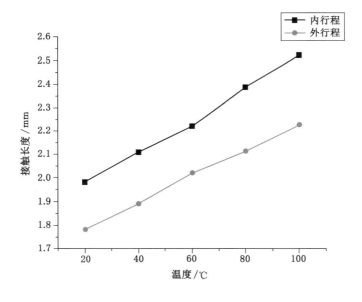

图 3-37 不同温度的接触长度

度的接触长度曲线可知,温度与接触长度呈现出线性关系,随着温度的升高密封圈在内外行程的接触长度也增加。当温度升高时,最大接触应力减小而接触区的长度增加,总的接触力合力不变。温度的升高同时也会使得密封圈的硬度降低,耐磨性降低。

3.4 本章小结

(1)建立了旋转往复运动条件下 Y 形密封圈的仿真模型,介绍了橡胶材料的基本性质以及橡胶材料的本构关系,同时选取了含有两个常数的 Mooney-Rivlin 模型来描述橡胶的力学行为。在完成仿真模型的建立以及材料模型的选择之后,进行了仿真前处理,对仿真模型进行了网格划分及网格细化处理,建立了仿真分析步,完成了仿真约束和仿真载荷的施加。

(2)仿真研究了旋转速度、往复速度、摩擦系数和温度对密封圈主应力、接触应力和接触长度的影响。为后续密封圈的油膜分布、磨损计算、寿命分析及结构优化提供了必要的计算依据,同时也为其他类似工况下的密封仿真提供了参考。

第 4 章　Y 形纯水动密封泄漏量的计算

　　以液压凿岩机冲洗机构纯水动密封力学特征和密封性能为研究目标,结合理论研究和有限元仿真建模分析,分析诸如冲击速度幅值、流体压力、旋转速度等因素对密封圈力学特征和密封性能的作用规律,以普遍形式的雷诺方程为基础,建立了符合旋转冲击工况的准二维雷诺方程和泄漏量计算公式。并计算主密封面最大接触压力值和最大主应力值分布情况,分析钎尾(轴)冲击速度幅值、旋转转速及介质压力等因素对密封性能的影响规律,以及不同参数下的实时泄漏量变化的情况,为不同工况下 Y 形密封圈的设计及优化分析提供参考。

4.1　旋转往复纯水动密封泄漏计算模型

4.1.1　动密封基本原理

　　根据钎尾是否有具有一定的速度,液压密封可分为静密封和动密封两种,当钎尾(轴)运动速度为 0 时,是为静密封。静密封工作机理如图 4-1 所示,其中图 4-1(a)为无压密封状态,图 4-1(b)为受压密封状态。当密封圈处于无压状态时,此时流体压力 p 为 0,O 形密封圈在沟槽和钎尾(轴)的共同挤压作用下产生一定的压缩量 δ,由于 O 形圈的材质为弹性体,受压变形后有恢复原来状态的特性,在密封区域接触的表面上必定具有初始压力,通常称钎尾(轴)为主密封面,冲洗壳体的沟槽为副密封面;当密封流体压力逐渐增大时(受压状态),O 形圈在原压缩量的基础上,同时在流体介质接触部位出现挤压效应,使 O 形密封圈与无流体压力侧的沟槽侧面密封紧密接触,同时在各接触部位出现新的接触压力,当主、副密封接触面上产生的最大接触压力足够大时,在力的作用下,使得密封流体介质不能流出,这时通常认为密封件可以达到静密封不泄露的技术要求。

　　当钎尾(轴)开始运动时,此时密封表现为动密封机理。流体动压润滑理论的基本内容是密封件与钎尾接触面之间由于有一层流体,并具有一定的黏度,通常黏附在密封接触表面上,同时两个表面之间存在一定数量的楔形间隙,流体介质借助表面间的相对运动从而有通过密封区域的倾向,也就是流体动压力,由于流体层的存在,两个摩擦表面之间相互分开,避免了直接碰触,两者间的干摩擦

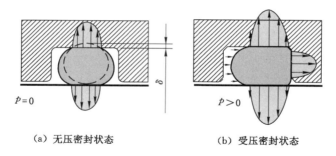

（a）无压密封状态　　　　　　　（b）受压密封状态

图 4-1　O 形圈静密封机理

将变成流体间的流体润滑。从而使摩擦阻力和表面损失下降，以提高密封件的密封性能和使用寿命。

　　按钎尾（轴）运动方向的不同，动密封可以分为外行程和内行程两个行程状态，由于接触表面之间润滑水膜的存在，其密封性能也存在一定的区别，如图 4-2 所示。外行程时，钎尾向大气侧运动，宏观上表现为密封件将密封介质液体刮离钎尾表面，但在微观上微米级厚度的润滑水膜黏附在钎尾表面并被拖曳出腔体，因此往复密封运转时原理上的泄露一定会发生。内行程时，钎尾向内动作，微米级厚度润滑水膜黏附在钎尾上返回到腔体里，人们称呼这种现象为流体泵回现象。在上述的每个往复运动周期里，内外行程密封区域泵回和被带出的流量之差被称为净流体泄漏量。

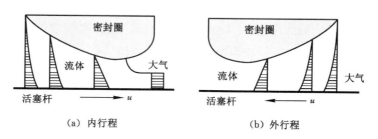

（a）内行程　　　　　　　　　（b）外行程

图 4-2　油膜厚度与速度分布

4.1.2　泄漏计算模型

　　润滑膜的压力分布及润滑水膜厚度对密封圈的密封性能及使用寿命有直接影响。常用的研究流体动力润滑理论的方程包括：润滑液状态方程（密度和黏度方程），流量守恒方程，弹性变形方程，纳维-斯托克斯方程（Navier-Stoke 方程）和雷诺方程等[96]。鉴于液压凿岩机冲洗机构旋转冲击运动的特殊性，雷诺方程满足研究分析对黏度和润滑膜厚度等一系列变量的需求，可以多方面表示出油膜间隙的情况,在分析研究密封区域密封性能方面具有独特的优势。

本研究旨在研究液压凿岩机冲洗机构在高速旋转高频冲击条件下动密封的密封性能及使用寿命的提升,有必要对理论模型进行简化处理,做出符合科学研究规范的合理性假设。基于钎尾、Y 形密封圈和冲洗水压力的简化模型,作出如下假设和简化:

(1) 主要分析稳态工况下模型的接触应力和主应力的变化情况,忽略密封圈弹性变化以及润滑水膜流体惯性的作用因素;

(2) 由于润滑水膜厚度和主、副密封面直径相差过大,水膜曲率的变化作用不明显;

(3) 密封接触面上的水膜属于层流情况,冲洗水在密封边界上无滑移现象出现;

(4) 压力梯度在径向方向上变化不明显,可不分析润滑水膜厚度一侧的梯度;

(5) 密封圈和钎尾表面的粗糙峰可用高斯分布来描述,根据粗糙度等效公式基本原理,密封接触面可认定钎尾(轴)为理想光滑的刚性表面以及密封圈唇口的粗糙弹性表面;

(6) 假设空气侧始终充满润滑介质,以便求导工作中的流体泵送率。

因为润滑膜膜厚与钎尾直径相差过大,水膜曲率的影响不大,建立旋转往复式冲洗机构密封接触领域流体润滑数值模型,借助雷诺方程,推导出流体力学特性、膜厚分布情况及泄漏量情况。全雷诺方程可写为:

$$\frac{\partial}{\partial x}\left(\frac{h^3}{12\eta}\frac{\partial p}{\partial x}\right)+\frac{\partial}{\partial z}\left(\frac{h^3}{12\eta}\frac{\partial p}{\partial z}\right)-\frac{\partial}{\partial x}\left(\frac{u_1+u_2}{2}h\right)-\frac{\partial}{\partial z}\left(\frac{w_1+w_2}{2}h\right)+$$

$$u_2\frac{\partial h}{\partial x}+w_2\frac{\partial h}{\partial z}-v_2+v_1=0$$

$$(4\text{-}1)$$

式中　u,v,w——两个密封结合表面在 x,y,z 方向的速度,mm/s;

　　　　h——密封间隙可变液膜高度,mm;

　　　　η——动力黏度,Pa·s;

　　　　p——流体压力,Pa。

根据密封运动情况,装配后可认为缸筒与密封件相对静止,则式(4-1)可简化为:

$$\frac{\partial}{\partial x}\left(\frac{h^3}{12\eta}\frac{\partial p}{\partial x}\right)+\frac{\partial}{\partial z}\left(\frac{h^3}{12\eta}\frac{\partial p}{\partial z}\right)-\frac{\partial}{\partial x}\left(\frac{u_1}{2}h\right)-\frac{\partial}{\partial z}\left(\frac{w_1}{2}h\right)+v_1=0 \quad (4\text{-}2)$$

密封界面膜可视为环形对称间隙,泄漏主要由钎尾冲击方向上的运动引起,且密封圈经预压缩后与钎尾的表面紧密接触,故为了研究主要因素的影响,可忽略在径向上的相对运动,因此可简化为一维流动的雷诺方程,如下:

$$\frac{h^3}{\eta}\frac{\mathrm{d}p}{\mathrm{d}x}=6u_0(h-h^*)\qquad(4\text{-}3)$$

式中 h^*——最大压力处膜高,mm;

$\mathrm{d}p/\mathrm{d}x$——压力梯度,Pa/mm;

u_0——钎尾(轴)外行程的运动速度,mm/s。

由式(4-3)可知:密封区域所形成的液膜高度的主要决定因素是压力梯度的分布情况和钎尾(轴)运动过程中的速度。如果可以知道压力梯度 $\mathrm{d}p/\mathrm{d}x$ 的变化情况,则问题可简化为分析求解膜厚 $h(x)$ 沿 x 方向(主密封接触面)的分布情况。运用微分方法对式(4-3)求解可以得到:

$$h^3\frac{\mathrm{d}^2p}{\mathrm{d}x^2}+\frac{\mathrm{d}h}{\mathrm{d}x}\left(3h^2\frac{\mathrm{d}p}{\mathrm{d}x}-6\eta u_0\right)=0\qquad(4\text{-}4)$$

假设 A 点处压力梯度最大(即 $\frac{\mathrm{d}^2p}{\mathrm{d}x^2}=0$),将其代入式(4-4)可得:

$$\frac{\mathrm{d}h}{\mathrm{d}x}\left[3h_A^2\left(\frac{\mathrm{d}p}{\mathrm{d}x}\right)_A-6\eta u_0\right]=0\qquad(4\text{-}5)$$

式中 h_A——A 点处油膜高度,mm。

根据实际情况可知,在 A 点处的液膜厚度梯度 $\frac{\mathrm{d}h}{\mathrm{d}x}\neq0$,则式(4-5)括号内表达式等于 0,令 $w_A=\left(\frac{\mathrm{d}p}{\mathrm{d}x}\right)_A$,可得 A 点处的膜高为:

$$h_A=\sqrt{\frac{2\eta u_0}{w_A}}\qquad(4\text{-}6)$$

将式(4-6)代入式(4-3)可得:

$$h^*=\frac{2}{3}h_A=\sqrt{\frac{8\eta u_0}{9w_A}}\qquad(4\text{-}7)$$

在最大压力点,膜上的流动速度从 u_0 线性减少到 0。在界面外的大气侧,膜具有匀速 u,因此,外行程膜厚 h_0 为 h^* 的 1/2,则有:

$$h_0=\frac{1}{2}h_0^*=\sqrt{\frac{2\eta u_0}{9w_A}}\qquad(4\text{-}8)$$

同理可得内行程处膜厚为:

$$h_i=\frac{1}{2}h_i^*=\sqrt{\frac{2\eta u_i}{9w_E}}\qquad(4\text{-}9)$$

针对旋转冲击式凿岩机冲洗机构的运动情况,研究其速度变化遵循正弦运

动变化规律,将整个运动运用微积分方法求解,可以得出任意时间的钎尾密封区的膜厚方程如下:

$$h(t) = \sqrt{\frac{2\eta u(t)}{9\mathrm{d}p(t)/\mathrm{d}x(t)}} \qquad (4\text{-}10)$$

式中　$h(t)$——t 时刻的膜厚,mm;

　　　$u(t)$——t 时刻的瞬时速度,mm/s;

　　　$\mathrm{d}p(t)/\mathrm{d}x(t)$——$t$ 时刻的最大压力梯度,Pa/mm。

定义 d 为钎尾直径,$X(t)$ 为微小时间 t 时间段的行程,即 $X(t) = u(t)\mathrm{d}t$,则可得 t 时刻的实时泄漏量 $V(t)$ 为:

$$V(t) = \pi d X(t) h(t) \qquad (4\text{-}11)$$

结合式(2-1)可得一个运动周期内的净泄漏量为:

$$V = \int_{\frac{T}{2}}^{T} \pi d(\omega R \sin wt) \sqrt{\frac{2\eta(\omega R \sin wt)}{9\dfrac{\mathrm{d}p(t)}{\mathrm{d}x(t)}}} \mathrm{d}t -$$

$$\int_{0}^{\frac{T}{2}} \pi d(\omega R \sin wt) \sqrt{\frac{2\eta(\omega R \sin wt)}{9\dfrac{\mathrm{d}p(t)}{\mathrm{d}x(t)}}} \mathrm{d}t \qquad (4\text{-}12)$$

式中,R 为钎尾半径;$0 \sim \dfrac{T}{2}$ 为内行程,液体被带回密封区;$\dfrac{T}{2} \sim T$ 为外行程,液体被带出密封区。

4.2　Y 形纯水动密封密封性能的研究

采用有限元数值模拟的方法研究钎尾(轴)冲击速度幅值、旋转转速及介质压力等因素对主密封面最大接触压力和最大主应力的影响规律,可为不同参数下的泄漏量计算奠定基础,以及不同工况下 Y 形密封圈的设计及优化分析提供参考。

4.2.1　速度幅值对密封性能的影响

为研究变速度对主应力及接触应力的影响,保持转速 $n = 350$ r/min、介质压力 $p = 3$ MPa、预压缩量 $\lambda = 1.575$ mm、摩擦系数为 0.3 不变,改变冲击速度幅值进行仿真,幅值取 157 mm/s、235 mm/s、314 mm/s、392 mm/s 进行仿真研究。

4.2.1.1　主应力

选取速度幅值为 314 mm/s 时,冲击速度为 50 mm/s、100 mm/s、200 mm/s、

300 mm/s时的仿真结果进行分析,将其在可视化界面进行后处理优化,得到主应力分布云图如图 4-3 所示。其中左侧为内行程图像,右侧为外行程图像。

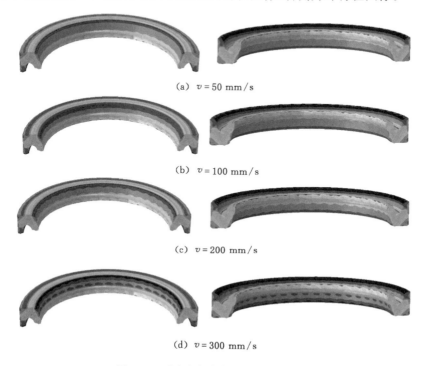

(a) $v = 50$ mm/s

(b) $v = 100$ mm/s

(c) $v = 200$ mm/s

(d) $v = 300$ mm/s

图 4-3　不同冲击速度下的主应力云图

由图 4-3 可知,Y 形密封圈与钎尾(轴)接触的密封内侧唇口处主应力最大,同时密封圈与沟槽接触部分的外唇口和底部的主应力值较大,在密封圈与沟槽底部接触的内侧位置出现了应力集中现象。这些位置在密封工作时承受过多的载荷,容易发生强度损坏,造成密封失效。在设计密封和探究密封性能时应重点观察,以免造成损失。

根据仿真结果可得变冲击速度下的最大主应力与冲击速度幅值之间的关系曲线如图 4-4 所示。由图可知,随着冲击运动速度幅值的变化,最大主应力的数值变化较小,其中外行程最大主应力值随着冲击速度幅值的增大而增大,而内行程最大主应力随冲击速度幅值的增大而减小。同时外行程应力值在运动的相同位置整体大于内行程。这是因为在外行程时,由于唇口方向与钎尾(轴)的运动方向相反,在摩擦力的作用下变形较大,主应力较大,随速度的增加,最大主应力越大;而在内行程,密封唇开口方向与钎尾相同,在摩擦力的作用下处于拉长的状态,变形较小,所以唇峰处的主应力较小。

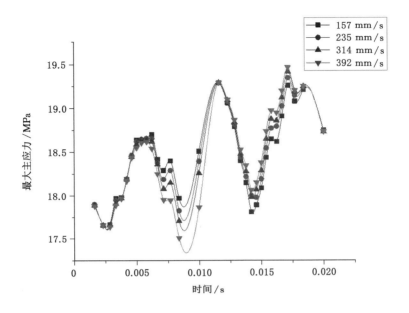

图 4-4　冲击速度幅值对最大主应力的影响

4.2.1.2　接触应力

选取冲击速度幅值为 314 mm/s 时,冲击速度分别为 50 mm/s、100 mm/s、200 mm/s、300 mm/s 时的仿真结果,在可视化界面进行后处理优化,得到接触应力云图如图 4-5 所示。其中左侧为内行程图像,右侧为外行程图像。

由图 4-5 可知,最大接触应力出现在 Y 形圈底部与冲洗壳体沟槽接触的位置,同时在密封圈唇口处与钎尾(轴)接触的位置和与沟槽侧面接触的位置出现较大的接触应力值。且主、副密封面的接触应力值均大于密封介质压力,具有良好的密封性能。

将图 4-5 中最大接触应力数据进行处理,可得 Y 形动密封在不同冲击速度下的最大接触应力变化的规律,如图 4-6 所示。随着运动时间的变化,最大接触应力在冲击速度幅值最大处出现峰值,在速度为 0 时为静摩擦,此时最大接触应力有所增大。外行程的最大接触应力整体大于同位置的内行程的最大接触应力,外行程最大接触应力随速度幅值的增大而增大,内行程相反。这是因为在外行程时,由于唇口方向与钎尾的运动方向相反,在摩擦力的作用下变形较大,接触应力较大,随速度的增加,最大接触应力越大;而在内行程,密封唇开口方向与钎尾相同,在摩擦力的作用下处于拉长的状态,变形较小,所以唇峰处的接触应力较小,随速度的增加最大接触应力变小。

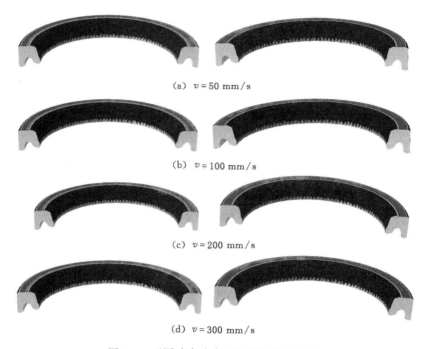

(a) $v = 50$ mm/s

(b) $v = 100$ mm/s

(c) $v = 200$ mm/s

(d) $v = 300$ mm/s

图 4-5　不同冲击速度下的接触应力云图

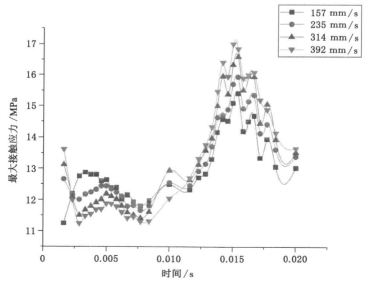

图 4-6　冲击速度幅值对最大接触应力的影响

为了分析冲击速度 v 取不同数值时,密封圈内侧接触应力在接触方向上的分布规律,选取速度为 0 mm/s、50 mm/s、100 mm/s、200 mm/s,300 mm/s 的时刻进行研究,在后处理中沿接触区域方向选取节点路径 path,将所得数据导出到 Origin 中绘制接触应力曲线,Y 形纯水动密封在变冲击速度下的接触应力曲线分布如图 4-7 所示。

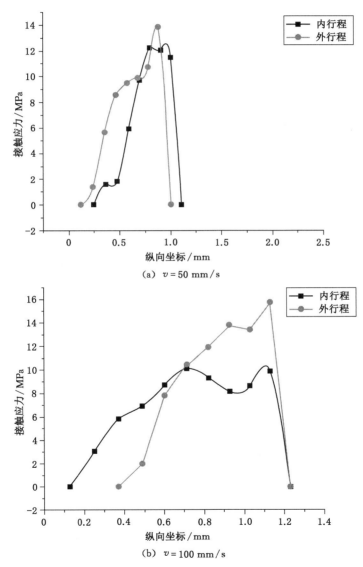

(a) $v = 50$ mm/s

(b) $v = 100$ mm/s

图 4-7　不同冲击速度下的接触应力分布曲线

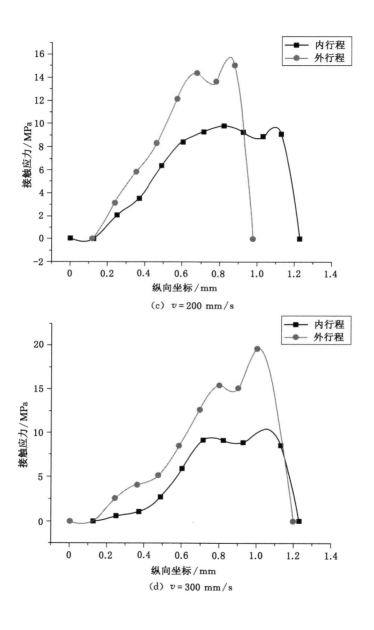

（c）$v = 200$ mm/s

（d）$v = 300$ mm/s

图 4-7 （续）

由图 4-7 可知,外行程的接触应力整体大于内行程,尤其在密封唇口处的接触应力较大,同时在较小的接触长度内接触应力迅速减小,产生较大的压力梯度,这样不利于密封界面润滑膜的形成,使得接触表面间直接接触,发生干摩擦现象,加快密封圈磨损,造成密封失效。

在后处理界面利用 ABAQUS 查询工具,得到不同冲击速度幅值下各个时刻的密封区接触长度变化,如图 4-8 所示。由图中可知,密封圈与钎尾(轴)的接触长度与冲击速度幅值有一定的关系。在一定范围内,随着冲击速度幅值的增大,内行程接触长度稍微变大,外行程接触长度变小且内行程的接触长度大于外行程。这是由于内行程 Y 形密封圈处于拉伸状态,外行程密封圈处于压缩状态,随着冲击速度的增大,密封圈变形程度变大,使得接触长度呈现上述的变化情况。

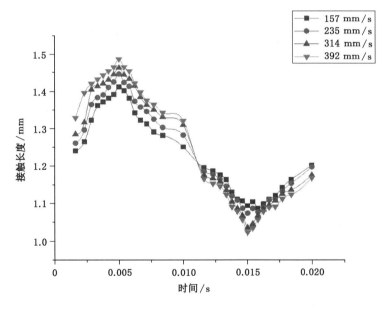

图 4-8　不同冲击速度幅值下的接触长度

4.2.2　旋转速度对密封性能的影响

转速是旋转冲击型液压凿岩机的重要参数,因此研究转速对 Y 形密封圈的动密封密封性能的影响具有一定的现实意义。转速 n 分别取为 150 r/min、250 r/min、350 r/min,其他参数取冲击速度幅值为 314 mm/s、压缩量为 1.575 mm、介质压力为 3 MPa、摩擦因数为 0.3 进行仿真计算[71]。

4.2.2.1 主应力

选取速度幅值为 314 mm/s,其他参数不变,取不同的旋转速度进行仿真模拟计算,选取速度为 200 mm/s 时的结果进行后处理,得到不同旋转速度下该时刻的主应力云图,如图 4-9 所示。其中左侧为内行程图像,右侧为外行程图像。由图可知,Y 形密封圈与钎尾(轴)接触的密封内侧唇口处的主应力最大,同时密封圈与沟槽接触部分的外唇唇口和底部的主应力值较大,在密封圈与沟槽底部接触的内侧位置出现了应力集中现象。随着旋转速度的增加,内外行程主应力分布出现变化。

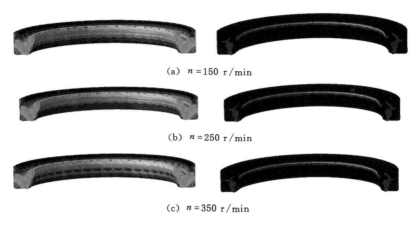

(a) $n = 150$ r/min

(b) $n = 250$ r/min

(c) $n = 350$ r/min

图 4-9　不同旋转速度下的主应力云图

Y 形密封圈在不同旋转速度下的最大主应力变化曲线如图 4-10 所示,由图可知,随着运动时间的变化,最大主应力数值十分接近,这说明转速的变化对应力有一定的影响,但是不明显,内行程时转速越大随着运动时间的变化应力值越大,外行程时转速越大,应力值开始变小。这是因为内行程时转速运动的合力方向与开口方向一致,速度越大变形越大,应力值越大。而外行程时方向相反,起到了一定的抵消作用,导致转速越大,变形相对较小,应力值较小。

4.2.2.2 接触应力

当冲击速度幅值为 314 mm/s 时,其他参数不变,取不同的旋转速度进行仿真,对数值计算结果进行后处理,得到 Y 形纯水动密封在不同旋转速度下的最大接触应力变化的规律,如图 4-11 所示,由图可知,转速对最大接触应力的影响不大,且与内外行程有关,内行程转速越大最大接触应力越大,外行程相反;无转速时的最大接触应力明显小于有转速时的最大接触应力。这是因为内行程旋转冲击运动的合力与密封件唇口开口方向一致,加大转速使合力向周向偏移,使得

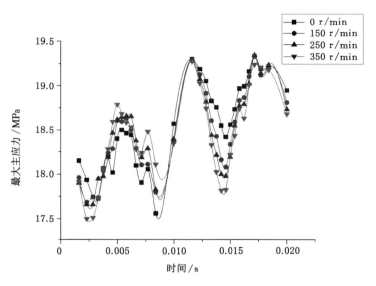

图 4-10　不同旋转速度下的最大主应力

变形量增大,最大接触应力增大,外行程则相反。

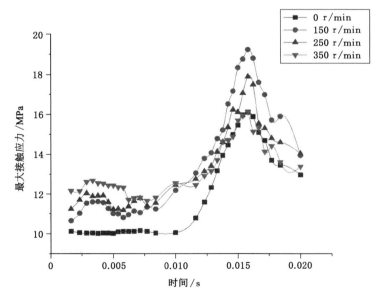

图 4-11　不同旋转速度下的最大接触应力

　　为了分析旋转速度 n 取不同数值时，Y 形密封圈轴侧的接触应力在接触方向上的分布规律，选取冲击速度幅值为 314 mm/s 时，速度为 200 mm/s 时的结果进行分析，在后处理中沿接触区域方向选取节点路径 path，将所得数据导入 Origin 中绘制接触应力分布曲线，如图 4-12 所示。

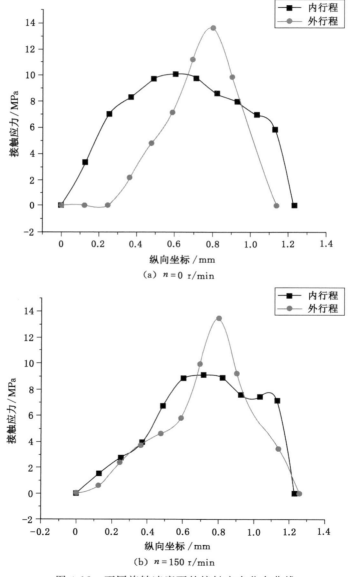

（a）$n = 0$ r/min

（b）$n = 150$ r/min

图 4-12　不同旋转速度下的接触应力分布曲线

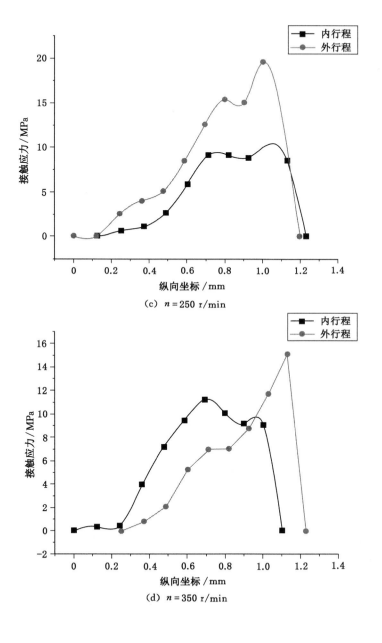

（c）$n = 250$ r/min

（d）$n = 350$ r/min

图 4-12　（续）

在后处理界面利用查询工具得到接触长度数值,导入 Origin 中得到不同旋转速度的接触长度变化曲线,如图 4-13 所示。由图可知,旋转速度对接触长度变化的影响较小,内行程密封接触区域的接触长度随转速的增大逐渐减小,外行程的接触长度随转速的增大逐渐增大,同时内行程接触长度整体大于外行程的接触长度。这是因为内行程使 Y 形密封圈处于拉伸状态,外行程处于压缩状态,运动时产生一定的变形,因此接触长度出现如图 4-13 的变化情况。

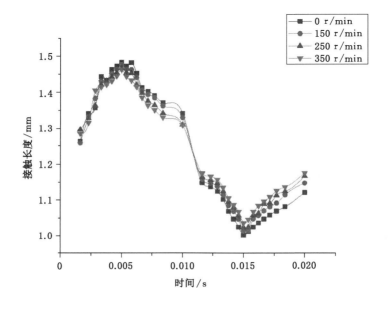

图 4-13　不同旋转速度的接触长度

4.2.3　介质压力对密封性能的影响

介质压力是影响 Y 形密封圈密封性能、冲洗效果以及密封寿命的重要因素,为研究介质压力在旋转冲击工况下对 Y 形密封圈的影响,分别取介质压力为 1 MPa、2 MPa、3 MPa、4 MPa,其他参数选取冲击速度幅值为 314 mm/s、转速为 350 r/min、压缩量为 1.575 mm 进行仿真计算。

4.2.3.1　主应力

当取不同的介质压力进行仿真模拟计算时,选取速度幅值为 314 mm/s 时、速度为 200 mm/s 时的结果,其他参数不变,对数值计算结果进行后处理,得到该工况下不同压力的主应力云图,如图 4-14 所示。其中左侧为内行程图像,右侧为外行程图像。

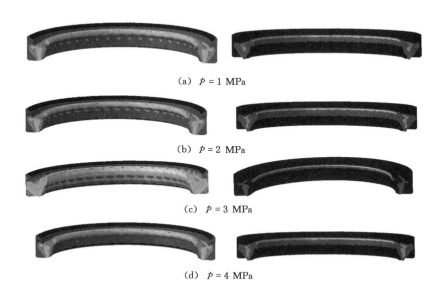

(a)　$p = 1$ MPa

(b)　$p = 2$ MPa

(c)　$p = 3$ MPa

(d)　$p = 4$ MPa

图 4-14　不同介质压力的主应力云图

　　由图 4-14 可知,当介质压力发生变化时,Y 形密封圈与钎尾(轴)接触的密封内侧唇口处主应力最大,同时密封圈与沟槽接触部分的外唇唇口和底部的主应力较大,在密封圈与沟槽底部接触的内侧位置出现了应力集中现象。随着介质压力的增加,内外行程的主应力分布出现变化,内外行程时密封圈应力分布范围增大,同时 Y 形密封圈唇口处的主应力明显增大。

　　Y 形纯水动密封在不同的介质压力下的最大主应力变化曲线如图 4-15 所示,随着介质压力的增加,内外行程最大主应力增大,且外行程最大主应力整体大于内行程。进行密封圈设计时应主要关注外行程时的受力情况,可以有效增加密封圈的耐疲劳性,以防密封圈损坏。

4.2.3.2　接触应力

　　将仿真结果进行数据处理,得到不同介质压力的最大接触应力曲线如图 4-16 所示。由图可知随着介质压力的增大,内外行程的最大接触应力增大且外行程始终大于内行程。这是由于随着介质压力的增大,密封圈受力增大,变形增大,使得接触应力变大。

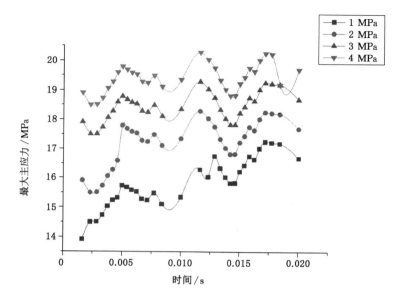

图 4-15 不同介质压力时的最大主应力曲线

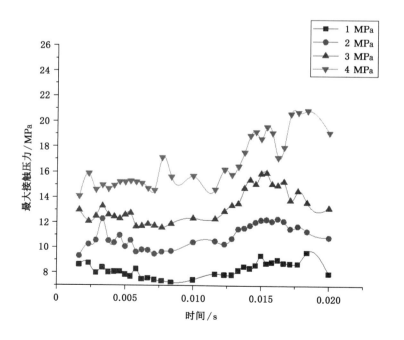

图 4-16 不同介质压力的最大接触应力

将主密封面沿运动方向的接触应力数据导出,借助 Origin 进行数据处理,得到不同介质压力的接触应力曲线如图 4-17 所示。由图可知在密封接触面内行程接触压力变化较平缓而外行程变化较大且外行程主密封面的最大接触应力大于内行程。

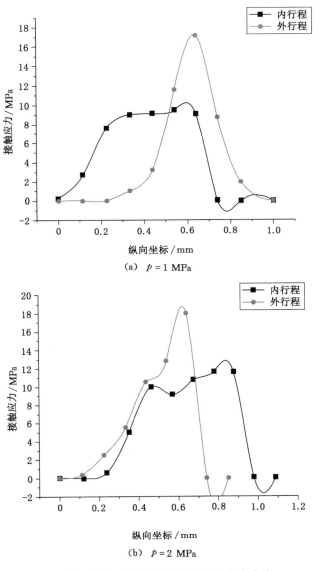

（a）$p=1$ MPa

（b）$p=2$ MPa

图 4-17　不同介质压力的接触应力曲线

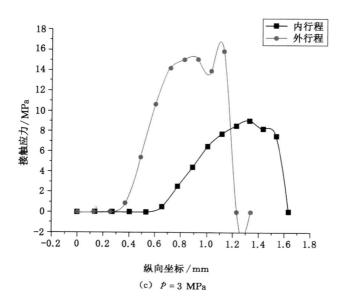

（c） $p = 3$ MPa

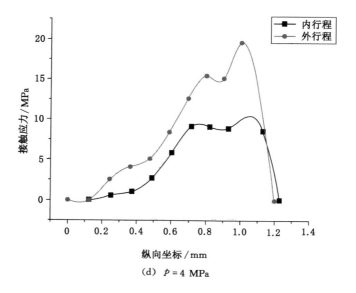

（d） $p = 4$ MPa

图 4-17 （续）

借助 ABAQUS 软件的测量工具,得到沿主密封面接触面上的接触长度,如图 4-18 所示。由图可知随着密封介质压力的增大,内外行程密封区接触长度均增大且内行程接触长度大于外行程。这是因为随着介质压力的增大,密封圈唇口处受压变大,同时密封区变形增大,密封区域接触长度亦变大。

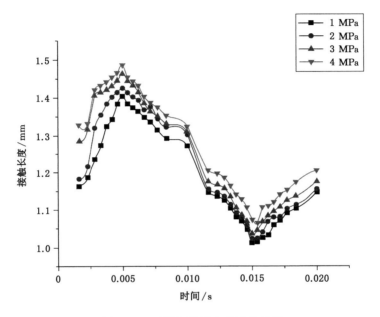

图 4-18　不同介质压力的接触长度

4.3　变速度下纯水动密封泄漏量的计算

根据第 3 章接触压力的分布情况,利用 Origin 求解出最大压力梯度,结合式(4-10)至式(4-12),可求得不同工况下的实时泄漏量和净泄漏量。

4.3.1　变速度下冲击速度幅值对泄漏量的影响

由前文描述可知钎尾的运动速度时刻发生改变,因此研究变速度下的密封圈密封性能及泄露情况很有必要。当钎尾运动遵循简谐运动时,为研究冲击速度幅值对密封性能的影响,取幅值为 157 mm/s、235 mm/s、314 mm/s、392 mm/s,在水压为 3 MPa、冲击频率为 50 Hz、旋转速度为 350 r/min、摩擦系数为 0.3 的条件下,可求得不同速度幅值条件下,随运动时间变化的实时泄漏量变化情况,如图 4-19 示。

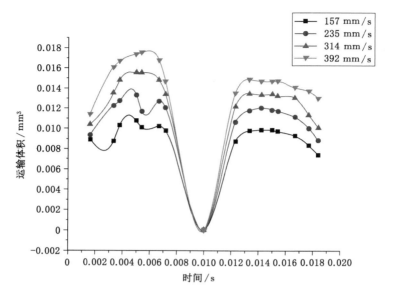

图 4-19   不同冲击速度幅值下的实时泄漏量

由图 4-19 可知,内行程的实时泄漏量曲线较陡峭,外行程曲线整体较平缓。这是因为内行程时冲击速度越大,最大接触压力越小,最大压力梯度越小,由公式(4-12)可知膜厚变化越大,实时泄漏量随速度变化越大;外行程时冲击速度越大,最大接触压力越大,最大压力梯度越大。在速度为 0 时,泄漏量为 0,这是因为模型此时停止运动,不发生泄露。

根据实时泄漏量可得一个运动周期内的净泄漏量,如图 4-20 所示。

由图 4-20 可知,冲击速度幅值越大净泄漏率越大,在冲击速度幅值较小时泄漏率为负值,出现泵汲现象。这是因为随着速度幅值的增大,外行程整体膜厚增大速度比内行程大,泄漏率越来越大。在速度幅值较低时速度对油膜厚度的影响较小,内行程最大压力梯度比外行程小,膜厚较大,实时泄漏量大于外行程,此时泄漏率出现负值;随着速度幅值的增大,外行程的整体水膜厚度越来越大,逐渐大于内行程,发生泄漏现象。因而,一定程度上减小冲击速度幅值,可以有效增加该工况下的密封性能。

4.3.2   变速度下介质压力对泄漏量的影响

为研究变速度下冲洗水压对旋转冲击式凿岩机密封性能的影响,压力分别取 1 MPa、2 MPa、3 MPa、4 MPa,冲击速度幅值选取 314 mm/s,其他参数不变,进行数值计算,结果如图 4-21 所示。随着液体压力变大,实时泄漏量变小,且实

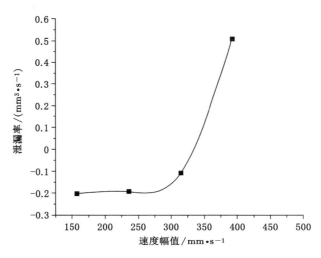

图 4-20　不同速度幅值下的净泄漏率

时泄漏量在不同压力下的数值相差较大,对压力变化比较敏感。这是因为 Y 形密封圈非密封面受到的流体压力增大,同时密封面的入口压力也增大,但密封区域流体压力分布形式基本不变,从密封内侧到外侧递减。因此,密封端面的最大压力梯度会增大,使密封唇口区域膜厚变小[97],运动过程中的实时泄漏量减小;密封区域的宽度很小,而密封工作时的流体介质压力很大,因此实时泄漏量对压力变化很敏感。

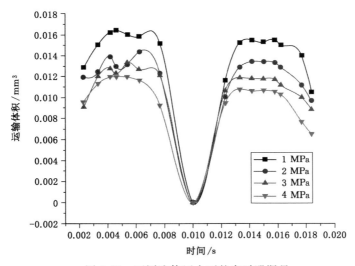

图 4-21　不同液体压力下的实时泄漏量

如图 4-22 所示为一个冲击运动周期内的净泄漏量。由图可知,泄漏率随液体压力增大先减小后增大。原因是冲洗水压力较小时,随着冲洗水压的增大,内行程压力梯度的增大速度小于外行程压力梯度的增大速度,膜厚相对增大较大,实时泄漏量大于外行程,一个工作周期内的净泄漏量逐渐减小。但是当冲洗水压力过大时,内行程压力梯度的增大速度大于外行程压力梯度的增大速度,膜厚相对增大较小,实时泄漏量小于外行程,净泄漏量逐渐增加。由此可知,密封保持冲洗水压力在中等压力左右,可以有效减少净泄漏量。

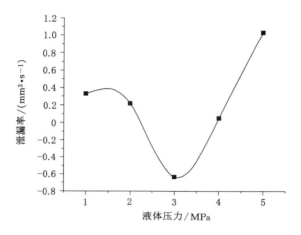

图 4-22   不同液体压力下的净泄漏率

4.3.3   变速度下旋转速度对泄漏量的影响

为研究变速度下钎尾旋转速度对旋转冲击式凿岩机密封性能的影响,转速分别取 0 r/min、150 r/min、250 r/min、350 r/min,其他参数不变,进行仿真分析与数值计算,结果如图 4-23 所示。旋转冲击式动密封唇口钎尾转速对实时泄漏量的影响较小,数值比较接近。这是因为转速对泄漏量的作用主要为对液体的离心作用,转速增大会使密封面流体离心力增大,加速流体沿径向的流动,但由于密封面径向宽度小,离心作用不明显,故实时泄漏量对转速不敏感。

由实时泄漏量可得一个运动周期内的净泄漏量,如图 4-24 所示。结果表明,在一定范围内,净泄漏量随转速增大而减小,出现负值,产生泵汲现象。这是因为转速增大时,内行程压力梯度的变化小于外行程压力梯度的变化,整体膜厚增大速度大于外行程,从而降低泄漏率。这说明一定的转速有利于旋转冲击型钎尾动密封下的密封。

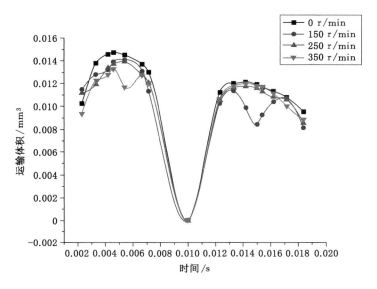

图 4-23 不同转速下的实时泄漏量

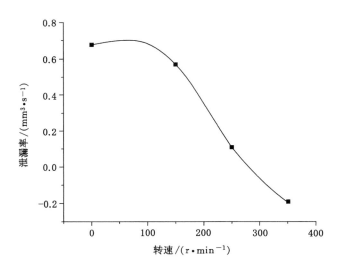

图 4-24 不同旋转速度下的净泄漏率

4.4 本章小结

（1）基于普遍雷诺方程的基本形式，得出了纯水介质下 Y 形动密封在旋转冲击复合运动条件下的密封接触界面水膜厚度及泄漏量计算公式。基于有限元仿真得到了不同参数下的主应力及接触应力分布规律，实现了纯水动密封的实时泄漏量计算。

（2）分析了钎尾（轴）在不同冲击速度幅值、旋转速度、密封介质压力参数下的密封性能变化情况，得到了不同参数对密封区域的实时泄漏量和净泄漏量的影响情况。

第 5 章 旋转往复纯水动密封疲劳寿命计算

　　凿岩机纯水动密封在旋转往复运动过程中会发生变形,并产生循环交变应力,导致密封圈表面及内部的微裂纹逐渐扩展,最终发生疲劳断裂,影响密封寿命。尽管密封的最大主应力值始终小于密封材料的强度极限(由于工艺及增强添加剂的不同,强度极限的范围为 17～30 MPa),但在循环交变应力作用下,密封件的微裂纹会逐渐扩展成明显的裂纹,因此有必要对动密封的疲劳寿命进行分析计算。

5.1　疲劳寿命研究方法

5.1.1　裂纹成核法

　　裂纹成核法是在连续介质力学基础上发展起来的,通过构造疲劳损伤参量对橡胶材料的寿命进行预测。在研究中常用的疲劳损伤参量有应力应变参数、应变能、应变张量及临界面等。在进行大量的理论研究及试验验证之后发现,用应变参数作为单轴拉伸橡胶疲劳寿命预测的疲劳损伤参量进行寿命预测结果最为理想。其应变参量与疲劳寿命的关系如下:

$$\varepsilon = 4.989(N_f)^{-0.115} \tag{5-1}$$

式中　ε——Lagrange 应变;

　　　N_f——应变循环次数。

5.1.2　裂纹扩展法

　　裂纹扩展法的理论基础是断裂力学,其核心思想是通过研究特定形状裂纹的能量释放率对疲劳寿命进行预测。基于该理论最常用的方法是撕裂能法和 J 积分法。W.V.Mars 在进行大量的试验研究的基础上总结了疲劳寿命的预测公式:

$$N_f = \frac{a_0}{r_c F(R) - 1} \left[\frac{k(\varepsilon)W}{k(\varepsilon_c)W_c} \right]^{-F(R)} \tag{5-2}$$

式中　a_0——初始裂纹尺寸；

　　　r_c——裂纹失稳扩展前段临界速率；

　　　$F(R)$——R 对裂纹增长率的影响，R 是最小能量释放率与最大能量释

　　　　　　　放率的比值；

　　　W——应变能密度；

　　　W_c——开裂能密度；

　　　k——应力集中系数。

5.1.3　S-N 曲线法

　　S-N 曲线法最早应用于金属疲劳特性研究，在橡胶等有机材料的应用中较少，其主要原因是橡胶的疲劳断裂周期长（$10^6 \sim 10^8$ 次），在实际的测量中比较困难。橡胶的 S-N 曲线由标准拉伸试件测得，在测定前，需要在标准试件上预切一定尺寸作为裂纹扩展的初始位置。橡胶表面初始裂纹的尺寸为 a_0，在循环 N 次以后逐渐扩展到 a，则循环次数 N 与 S-N 曲线某点处的斜率 β 之间的关系为：

$$\lg N = -\beta \left[\lg k(\lambda) + \lg k\left(\lambda^2 + \frac{2}{\lambda} - 3 \right) \right] - \left[\lg B + \lg(\beta - 1) \lg a_0 + \beta \lg E \right]$$

$$(5\text{-}3)$$

式中　β, B——材料系数；

　　　λ——拉伸比；

　　　E——橡胶的剪切模量。

5.2　基于断裂力学的疲劳寿命计算方法

5.2.1　基于断裂力学的疲劳寿命计算模型

　　随着断裂力学的发展与完善，用以描述橡胶疲劳的疲劳参量也越来越复杂。除了常用的应变疲劳损伤参量外，应变函数的应变能密度也开始用以估计橡胶材料的疲劳寿命。通过对橡胶初始缺陷尺寸和能量释放率的研究，寻找裂纹扩展速率与材料属性、结构形状及载荷等因素之间的关系，成了研究疲劳寿命的主流方法。

　　应变能释放率 T 表示单位裂纹所能释放的能量，其表达式为：

$$T = -\frac{\partial U}{\partial A} \qquad (5\text{-}4)$$

式中　U——弹性应变能；

　　　A——断裂表面积。

基于断裂力学的相关理论,通过对橡胶材料能量释放的研究预测疲劳寿命。弹性应变能迫使橡胶材料内部的微裂纹拓展。当密封圈受到循环交变应力作用时,其内部微裂纹的拓展速率为:

$$\frac{\mathrm{d}a}{\mathrm{d}N} = f(T) = BT^{\beta} \tag{5-5}$$

式中　a——裂纹长度。

由能量守恒定律可知,当裂纹扩展时外力做功等于密封圈的内部势能和橡胶材料中裂纹扩展时所释放的应变能之和。则弹性应变能的表达式为:

$$T = \frac{1}{B}\left[\frac{\partial(\Delta U)}{\partial a}\right] = 2a\omega_0 k(\lambda) \tag{5-6}$$

式中,$\Delta U = W - U_e$(W 为外力做功,U_e 为变形势能),ω_0 为应变能密度,$k(\lambda)$可用下式求解:

$$k(\lambda) = \frac{\pi}{\sqrt{\lambda}} = \varepsilon + 1 \tag{5-7}$$

将公式(5-6)代入公式(5-5)中得:

$$\frac{\mathrm{d}a}{\mathrm{d}N} = B\left(\frac{2\pi}{\sqrt{\lambda}}\omega_0 a\right)^{\beta} \tag{5-8}$$

ω_0 可用下式求解:

$$\omega_0 = \int_0^\varepsilon \sigma(\varepsilon)\mathrm{d}\varepsilon \tag{5-9}$$

将公式(5-7)和公式(5-9)代入公式(5-6)中,可得:

$$T = 2a\omega_0 k(\lambda) = \frac{2\pi a}{\sqrt{\lambda}}\int_0^\varepsilon \sigma(\varepsilon)\mathrm{d}\varepsilon \tag{5-10}$$

假设密封圈长度为 a_0 的初始裂纹拓展到长度为 a 时,所经历的应力循环周期为 N,对公式(5-5)进行积分可得循环周期 N 为:

$$N = \int_{a_0}^a B^{-1}T^{-\beta}\mathrm{d}a = \frac{1}{B(\beta-1)\left(\frac{2\pi}{\sqrt{\lambda}}\omega_0\right)}\left(\frac{1}{a_0^{\beta-1}} - \frac{1}{a^{\beta-1}}\right) \tag{5-11}$$

目前有大量文献对于橡胶材料裂纹的形成以及拓展进行了研究[98],对于初始裂纹的长度以及方向可以运用脉冲反射超声波探伤仪进行测量。通过查阅文献得知,一般情况下丁腈橡胶的初始裂纹尺寸为 $10\sim20~\mu m$。考虑工况的复杂性,初始裂纹值取 $10\ \mu m$。

5.2.2　疲劳寿命的计算过程

　　根据前述对钎尾冲击过程中 Y 形纯水动密封的等效应力分析可知,出现疲劳失效的位置主要为密封唇与钎尾的接触处和密封圈根部。为进一步简化 Y 形纯水动密封疲劳寿命的计算分析过程,以方便后文对不同结构参数下 Y 形纯水动密封的疲劳寿命进行对比分析,通过选取疲劳寿命危险节点进行对比,找出疲劳寿命最危节点的方式来简化疲劳寿命分析过程,如图 5-1 所示。

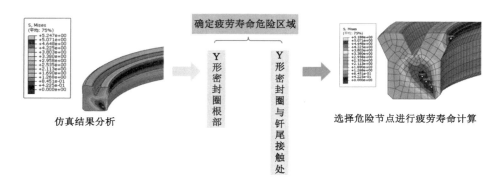

图 5-1　Y 形纯水动密封疲劳寿命分析过程

　　以原始结构参数下的 Y 形纯水动密封为例,在密封唇与钎尾的接触处和密封圈根部取 4 个危险结点进行疲劳寿命分析。对于危险节点的选取如图 5-2 所示。

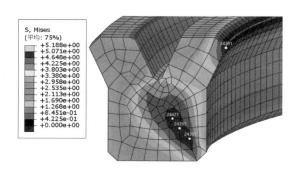

图 5-2　危险单元节点选取

　　根据断裂力学理论对高速旋转和高频冲击作用下的凿岩机 Y 形纯水动密

封疲劳寿命进行计算时,首先要根据仿真模型的计算结果来提取单元节点的等效应力值。以 Y 形纯水动密封截面上的危险单元节点 24421 为例,提取其在密封过程中的等效应力值,如图 5-3 所示。由于仿真模型中,将凿岩机的冲击过程按时间划分为 99 个时间点,因此所提取的等效应力值为 99 个时间点所对应的危险单元节点 24421 的等效应力值。

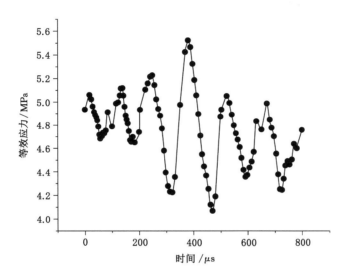

图 5-3　节点 24421 的等效应力

为实现 Y 形纯水动密封的疲劳寿命计算,首先需要计算出危险单元节点的应变能释放率变化范围 ΔT,这可以通过单元节点的等效应力和等效应力值所对应的应变来进行计算。等效应力值对应的应变又可通过聚氨酯弹性体的应力-应变间的函数关系进行确定,如下式:

$$\sigma = -21.73\varepsilon^4 + 49.79\varepsilon^3 - 21.56\varepsilon^2 + 33.21\varepsilon - 0.079 \tag{5-12}$$

将图 5-3 中危险节点 24421 的等效应力值代入公式(5-9)中即可解得在各等效应力值下所对应的应变值 ε,各等效应力所对应的应变如图 5-4 所示。

应变能释放率与等效应力和应变之间的函数关系如下式:

$$T = 2k(\varepsilon)aw_0 = \frac{2\pi a}{\sqrt{1+\varepsilon}}\int_0^\varepsilon \sigma(\varepsilon)\mathrm{d}\varepsilon \tag{5-13}$$

将图 5-3 中的等效应力值与其所对应的应变代入式(5-13)中可计算出节点 24421 在各等效应力值下的应变能释放率 T,得到图 5-5 的结果。

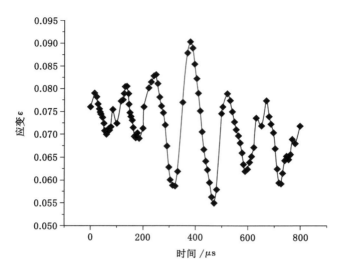

图 5-4　节点 24421 的等效应力值对应的应变

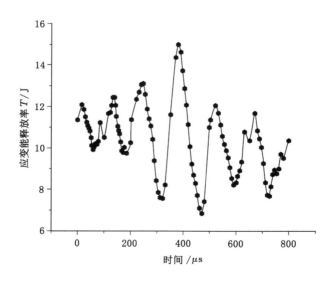

图 5-5　节点 24421 的应变能释放率

99 个时间节点可以得到 98 个时间段,对各时间段内的应变能释放率变化范围 ΔT 进行计算,即可得出 Y 形纯水动密封的应变能释放率的变化范围 ΔT 随时间段的变化,如图 5-6 所示。

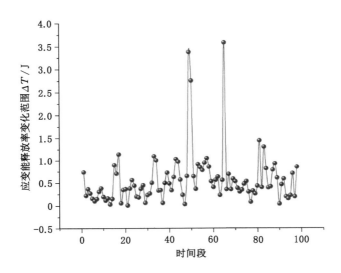

图 5-6 节点 24421 的应变能释放率变化范围随时间段的变化

根据 Miner 线性疲劳累积损伤理论来计算凿岩机在整个冲击过程的 Y 形纯水动密封疲劳寿命,由于在钎尾的一次冲击过程中各时间段的应变能释放率变化范围 ΔT 所对应的应力幅只循环一次,因此可得 Y 形纯水动密封的疲劳寿命为:

$$N = 1/D = 1/B(\beta-1)a_0^{\beta-1}\left[(\frac{\Delta T_1}{a_0})^\beta + (\frac{\Delta T_2}{a_0})^\beta + (\frac{\Delta T_3}{a_0})^\beta + \cdots + (\frac{\Delta T_n}{a_0})^\beta\right]$$
$$n = 1,2,\cdots,98 \tag{5-14}$$

式中,ΔT_n 为第 n 个时间段的应变能释放率变化范围。将图 5-6 中各时间段的应变能释放率变化范围 ΔT 代入式(5-14)中即可得出节点 24421 的疲劳循环次数 N 为 873 815 444.38。由于凿岩机的冲击频率为 50 Hz 左右,则可得节点 24421 的疲劳寿命为 4 854.53 h。

同理,分别提取节点 24397、节点 24395 和节点 24291 在钎尾冲击过程中的等效应力值,对 Y 形纯水动密封截面上 4 个危险节点的疲劳寿命进行计算,得出各危险节点的疲劳寿命如表 5-1 所示。

表 5-1　危险节点疲劳寿命

危险节点	疲劳寿命/h
节点 24397	3 245.77
节点 24395	4 388.35
节点 24421	4 854.53
节点 24291	11.266

鉴于凿岩机在工作过程中钎尾的高速旋转和高频冲击对 Y 形纯水动密封产生的影响,通过对 Y 形纯水动密封截面上 4 个危险单元节点的疲劳寿命分析可得出以下两个结论:

(1) Y 形纯水动密封与钎尾接触处节点的疲劳寿命远低于其他危险节点;

(2) 由于结构形式相同,在对 Y 形纯水动密封进行结构优化改进时只需比较 Y 形纯水动密封与钎尾接触处节点的疲劳寿命。

需要说明的是,现有疲劳寿命研究方法对密封圈疲劳寿命的预测只能给出基于统计学下的平均疲劳寿命,而由于 Y 形纯水动密封具有自动补偿能力,因此实际凿岩机 Y 形纯水动密封疲劳寿命要高于预测值。

5.3　基于断裂力学的纯水动密封疲劳寿命计算

5.3.1　等效应力的计算

旋转往复纯水动密封在复杂工况下,其内部应力变化过于复杂,为简化分析计算,设定密封的初始裂纹沿着等效应力的方向进行拓展。在前述仿真分析中得出密封圈在标准工况下内行程和外行程时的等效应力分布如图 5-7 和图 5-8 所示。

由上述应力云图可以发现,Y 形密封圈容易发生疲劳破坏的位置分布在 U 形口的底部和密封唇外唇口和内唇口处,在实际的使用过程中,也是这些位置容易发生破坏。在三个危险区域分别选择主应力最大的两个节点,将危险节点的第一主应力、第二主应力、第三主应力以及等效应力提取出来,如表 5-2 和表 5-3 所示。

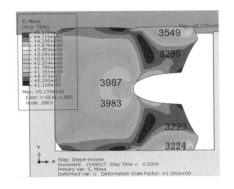
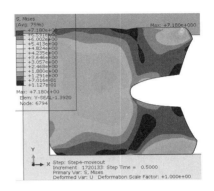

图 5-7　内行程主应力云图　　　　　图 5-8　外行程主应力云图

表 5-2　内行程时危险单元应力值　　　　　单位:MPa

单元号	第一主应力	第二主应力	第三主应力	等效应力
3549	2.49	−0.55	−2.67	4.58
3295	2.43	−0.56	−2.67	4.51
3987	−1.25	−2.98	−6.41	4.63
3983	−1.38	−2.77	−6.16	4.56
3223	1.09	−2.09	−3.81	4.25
3224	−0.30	−3.09	−5.18	4.25

表 5-3　外行程时危险单元应力值　　　　　单位:MPa

单元号	第一主应力	第二主应力	第三主应力	等效应力
3549	1.23	−1.03	−1.03	3.42
3295	1.23	−1.03	−2.75	3.49
3987	−1.74	−5.96	−10.00	7.18
3983	−2.26	−5.81	−9.96	6.91
3223	0.01	−2.39	−4.29	4.61
3224	−3.51	−3.36	−5.58	4.61

通过对比内外行程主应力值可得,第一主应力最大的单元其最大等效应力不一定是最大的。因此为保证分析结果可靠,后续统一使用等效应力作为密封圈疲劳损伤参量。

5.3.2　Y 形纯水动密封应变能的计算

橡胶的应力-应变数据可通过试验测得,本书直接引用文献[99]的研究成果。室温条件下,橡胶的应力-应变拟合曲线如图 5-9 所示。

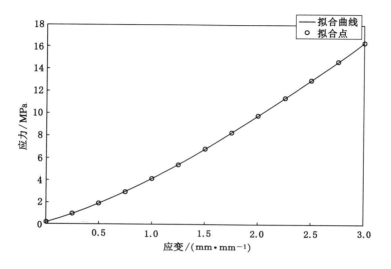

图 5-9　丁腈橡胶的应力-应变曲线

利用 MATLAB 对试验数据进行拟合可以得到丁腈橡胶的应力-应变表达式如下所示:

$$\sigma(\varepsilon) = -0.133\,3\varepsilon^3 + 1.248\,4\varepsilon^2 + 2.834\,8\varepsilon + 0.191\,9 \tag{5-15}$$

将危险单元的等效应力值代入到公式(5-15)可以解得值 ε,然后由公式(5-7)可以解得 λ 的值,内外行程的 ε 值和 λ 值如表 5-4 所示。

表 5-4　内外行程的应变与拉伸比

内行程 ε_1/mm	外行程 ε_2/mm	内行程 λ_1/mm^{-2}	外行程 λ_2/mm^{-2}
1.087 6	0.849 7	2.264 5	2.884 5
1.073 7	0.864 6	2.295 0	2.838 6
1.097 4	1.565 9	2.243 4	1.499 0
1.083 6	1.518 8	2.273 2	1.555 6
1.021 9	1.093 5	2.414 1	2.251 8
1.021 9	1.093 5	2.414 1	2.251 8

假设密封圈发生疲劳破坏的极限裂纹尺寸为 2 mm,则由公式(5-10)可以得到危险单元的应变能释放率如表 5-5 所示。

表 5-5　危险单元的应变能释放率

单元号	内行程 T_1/J	外行程 T_2/J	$\Delta T = \mid T_2 - T_1 \mid$/J
3549	19.82	10.54	9.28
3295	19.17	11.01	8.16
3987	20.30	53.10	32.80
3983	19.63	48.78	29.15
3223	16.85	20.11	3.26
3224	16.85	20.11	3.26

5.3.3　Y 形纯水动密封疲劳寿命的计算

由于发生疲劳破坏时的裂纹尺寸远远大于初始裂纹尺寸,公式(5-11)可以简化为:

$$N = \int_{a_0}^{a} B^{-1} T^{-\beta} \mathrm{d}a = \frac{1}{B(\beta-1)\left(\dfrac{\Delta T}{a_0}\right)^{\beta}} \frac{1}{a_0^{\beta-1}} \qquad (5\text{-}16)$$

式中,橡胶材料常数 B 取为 2.73×10^{-11};β 为丁腈橡胶 S-N 曲线的斜率,本书取 $\varepsilon = 1$ 处的斜率,即 $\beta = 4.93$。

由公式(5-16)可以求得危险单元的疲劳循环次数 N,由于密封圈运动的频率为 50 Hz,即 1 s 内的循环次数为 50 次,可以对疲劳寿命进行计算,结果如表 5-6 所示。

表 5-6　危险单元的疲劳寿命

单元号	应变能释放率变化差值 ΔT	循环次数 N	疲劳寿命/h
3549	9.28	1.18×10^7	65.56
3295	8.16	2.22×10^7	123.33
3987	32.80	3.34×10^6	18.56
3983	29.15	4.18×10^6	23.22
3223	3.26	2.05×10^9	11 388.89
3224	3.26	2.05×10^9	11 388.89

分析上表可知,Y 形密封圈危险截面的最短疲劳寿命位于 U 形口的底部,最短疲劳寿命为 18.56 h,其次是 Y 形密封圈内环唇口(与轴接触,具有相对运动),疲劳寿命是 65.56 h,而密封圈的外环唇口(与密封沟槽接触,不发生相对运动)疲劳寿命极长,可以认为不发生疲劳。

5.4 影响疲劳寿命的因素

密封圈在复杂工况条件下,其疲劳寿命受到诸多因素的影响,比如密封圈的压缩率、介质压力的波动、温度、摩擦系数等。为研究不同因素对密封圈疲劳寿命的影响规律,对给定工况下密封圈的疲劳寿命变化规律进行分析。

5.4.1 介质压力对疲劳寿命的影响

前述研究过程中是将密封圈内外行程的工作压力设为保持不变的,但在实际工作时,冲洗水的压力会出现周期性的小幅波动。为研究介质压力变化对于密封疲劳寿命的影响,取内行程时的工作压力为 3 MPa,外行程的工作压力分别为 3 MPa、3.2 MPa、3.4 MPa、3.6 MPa 进行仿真,得到等效应力云图如图 5-10 所示。

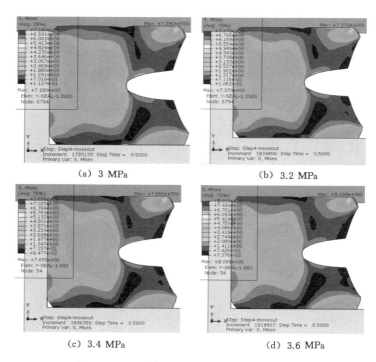

(a) 3 MPa   (b) 3.2 MPa

(c) 3.4 MPa   (d) 3.6 MPa

图 5-10 不同应力时的外行程等效应力云图

提取不同应力下密封圈危险单元的应力值,可以得到其第一主应力、第二主应力、第三主应力及等效应力值,如表 5-7、表 5-8 和表 5-9 所示。

表 5-7　外行程危险单元应力值(3.2 MPa)　　　单位:MPa

单元号	第一主应力	第二主应力	第三主应力	等效应力
3549	1.17	−1.19	−2.96	3.64
3295	1.27	−1.13	−2.94	3.70
3987	−1.75	−6.12	−1.02	7.37
3983	−2.17	−4.84	−8.65	5.68
3223	−0.41	−3.54	−5.82	4.73
3224	0.07	−2.49	−4.43	4.73

表 5-8　外行程危险单元应力值(3.4 MPa)　　　单位:MPa

单元号	第一主应力	第二主应力	第三主应力	等效应力
3549	1.29	−1.24	−3.12	3.88
3295	1.18	−1.31	−3.15	3.82
3987	−1.54	−6.29	−0.10	7.63
3983	−1.80	−5.98	−9.96	7.34
3223	−0.49	−3.76	−6.12	4.90
3224	0.17	−1.72	−3.23	4.45

表 5-9　外行程危险单元应力值(3.6 MPa)

单元号	第一主应力	第二主应力	第三主应力	等效应力
3549	1.20	−1.40	−3.32	3.98
3295	1.09	−1.46	−3.34	3.91
3987	−1.55	−6.60	−0.11	8.02
3983	−1.84	−6.33	−0.11	7.68
3223	0.04	−2.74	−4.80	5.12
3224	0.18	−1.75	−3.28	4.66

将等效应力值代入公式(5-15)、公式(5-7)、公式(5-10),可以得到不同压力变化情况下的应变能释放率,如表 5-10 所示。

表 5-10   不同压力时的应变能释放率   单位:J

单元号	$T(3\ \text{MPa})$	$T(3.2\ \text{MPa})$	$T(3.4\ \text{MPa})$	$T(3.6\ \text{MPa})$
3549	9.28	9.32	9.48	9.57
3295	8.16	8.21	8.33	8.46
3987	32.80	33.58	35.10	36.22
3983	29.15	31.27	33.78	35.04
3223	3.26	3.43	3.62	3.81
3224	3.26	3.61	3.83	4.07

将表 5-10 中 3987 号单元在不同外行程时的应变能释放率数值代入到公式(5-16)可以得到相应的疲劳寿命,画出疲劳寿命与压力变化的关系曲线,如图 5-11 所示。

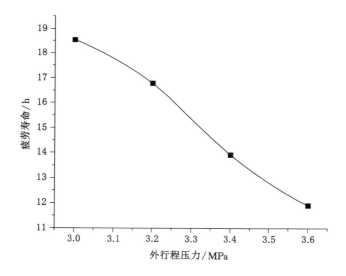

图 5-11   压力变化与疲劳寿命关系的曲线

由图 5-11 可得,随着外行程压力的增大疲劳寿命呈现快速下降的趋势。密封圈的疲劳寿命受到压力变化的影响极大。因此,为提高密封圈的疲劳寿命应尽可能地减小内外行程时工作压力的波动幅度,尽量让密封圈工作在平稳的工作压力条件下。

5.4.2   摩擦系数对疲劳寿命的影响

密封在工作过程中,由于摩擦作用会导致密封圈与轴接触面的受力发生变化,从而影响密封圈内的应力分布。为了研究疲劳寿命与摩擦系数之间的关系,取摩擦系数为 0.25、0.3、0.35、0.4,可以得到不同摩擦系数下内外行程的等效应力,将等效应力值代入公式(5-15)、公式(5-11)、公式(5-10),可以得到不同压力变化情况下的应变能释放率,如表 5-11 所示。

表 5-11　不同压力变化下的应变能释放率　　　　　　　单位:J

单元号	$\Delta T(\mu=0.25)$	$\Delta T(\mu=0.3)$	$\Delta T(\mu=0.35)$	$\Delta T(\mu=0.4)$
3549	9.25	9.28	9.32	9.37
3295	8.14	8.16	8.19	8.23
3987	31.72	32.80	33.14	33.81
3983	28.89	29.15	30.17	31.72
3223	3.22	3.26	3.30	3.42
3224	3.21	3.26	3.28	3.37

将表 5-11 中 3987 号单元的数据代入到公式(5-16)可以得到相应的疲劳寿命,画出疲劳寿命与压力变化的关系曲线,如图 5-12 所示。

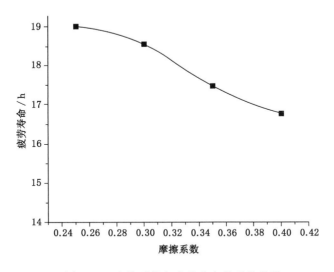

图 5-12　摩擦系数与疲劳寿命关系的曲线

分析图 5-12 可得,随着摩擦系数的增大疲劳寿命呈现缓慢的下降趋势。密封圈的疲劳寿命受到摩擦系数的影响较小。虽然摩擦系数增大会导致接触区附近单元在内外行程时的应力值增加,但应变能释放率的变化较小,疲劳寿命受摩擦系数的影响较小。

5.5　本章小结

（1）在仿真数据基础上，基于断裂力学理论，利用等效应力作为疲劳损伤参量，计算了内外行程的应变能释放率，并通过应变能释放率计算了 Y 形密封圈在 U 形口底部、密封内唇唇口、密封外唇唇口危险单元的疲劳寿命。

（2）密封圈 U 形口底部最容易发生疲劳破坏，在完成疲劳寿命计算以后，进一步研究了工作压力和摩擦系数对 U 形口底部危险单元疲劳寿命的影响规律。

第6章　旋转往复纯水动密封磨损寿命计算

在绝大多数情况下,机械系统的动密封工作在混合润滑状态,通常情况下密封圈处于润滑良好的润滑油介质中,磨损并不明显。本书涉及的密封圈工作工况特殊,缺乏良好润滑,因此分析其摩擦磨损特性对于密封的寿命研究具有重要意义。在仿真的基础上,利用密封膜厚计算公式,计算给定工况下的油膜厚度;基于 Archard 磨粒磨损模型结合仿真数据计算密封圈接触区的平均摩擦力,并估算密封圈的磨损寿命。

6.1　液膜厚度计算

在密封圈与轴发生相对运动时,密封圈表面与轴表面接触,密封圈处于混合润滑状态,在密封圈和轴处于比较稳定的接触状态时的受力如图 2-4 所示。图中 p_e 为密封圈发生弹性变形产生的弹力, p_f 为油膜压力, p_c 为密封圈与轴的接触压力。根据受力平衡可得:

$$p_e = p_f + p_c \tag{6-1}$$

如果密封圈工作在完全流体润滑状态,则 $p_e = p_f$, $p_c = 0$,此时密封圈不会发生磨损;如果密封圈工作在干摩擦状态,则 $p_e = p_c$, $p_f = 0$,此时密封圈会发生剧烈磨损。为分析密封圈的工作状态,可以假设密封圈处于完全流体润滑状态,此时的液膜压力 p_f 等于密封圈的弹力。结合雷诺方程数值计算方法,就可以计算节点处的油膜厚度。

由仿真分析可以得到给定工况下的接触应力曲线,用数值计算方法,可以求得接触区域的节点的应力梯度,根据公式(2-6)可以求解出任意点处的油膜厚度。在密封压力为 20 MPa,温度为 20 ℃的条件下水的动力黏度为 1×10^{-3} Pa·s。

结合实际工况对于雷诺方程进行简化,简化后的雷诺方程如式(2-3)所示。式中的 x 方向为密封圈的圆周方向,由于在第 2 章的分析中,忽略了轴的偏心度、圆柱度等因素,导致了油膜压力和油膜的厚度在圆周方向的变化率为 0,而在仿真分析中,认为沿着轴向的速度恒定,故二维雷诺方程最终可以简化为一维的形式,如式(2-4)所示。

由前文的分析可知,接触区域的液膜压力等于接触应力,设最大液膜压力位置的液膜膜厚为 h_{m},则当 $h = h_{\mathrm{m}}$ 时,应该有 $\partial h / \partial y = 0$。则可以构造如下微分方程:

$$\frac{\partial p}{\partial y} = 6\mu V_1 \frac{h - h_{\mathrm{m}}}{h^3} \tag{6-2}$$

为方便计算,可将上式无量纲化,令:

$$H = \frac{h}{h_{\mathrm{m}}}, G = (h_{\mathrm{m}}^2 / \mu V_1) \cdot \left(\frac{\partial p}{\partial y}\right) \tag{6-3}$$

可得:

$$G = 6(H - 1)/H^3 \tag{6-4}$$

式中,G 为 H 的函数,利用 MATLAB 可以做出 $G(H)$ 的函数图形,如图 6-1 所示。

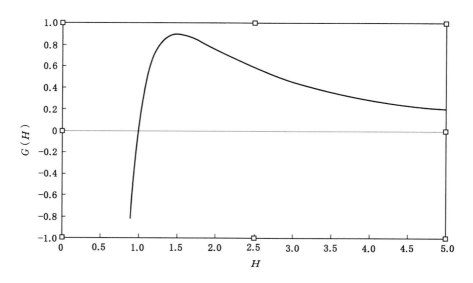

图 6-1 $G(H)$ 函数图

由函数图知,$G(H)$ 在 $(1, \infty)$ 上有极大值,对 $G(H)$ 求导后,令导数等于 0,可得当 $H = 2/3$ 时,有最大值为 $G = 8/9$,代入式(6-3)可得:

$$h_{\mathrm{m}} = \sqrt{\dfrac{8\mu V_1}{9\left(\dfrac{\partial p}{\partial y}\right)_{\max}}} \qquad\qquad (6\text{-}5)$$

由式(6-5)可知,求解最大油膜厚度的关键是求解应力梯度,根据有限元仿真得出接触应力曲线,利用 MATLAB 数值计算并绘图,可得内行程和外行程的梯度曲线,如图 6-2 所示。

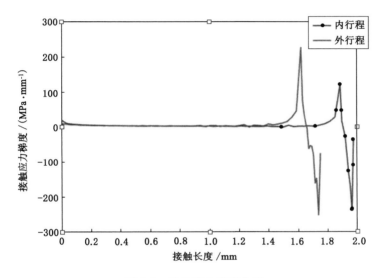

图 6-2　接触应力梯度曲线

导出内行程和外行程的最大梯度值并代入式(6-5)中可得内行程最大液膜厚度为 $h_{\mathrm{mi}}=0.012\ \mu\mathrm{m}$,外行程最大油膜厚度为 $h_{\mathrm{m0}}=0.008\ 8\ \mu\mathrm{m}$。由最大液膜厚度的计算结果可知,内外行程的液膜厚度远小于光滑金属轴的均方根粗糙度值 $0.8\ \mu\mathrm{m}$($Ra=0.8$),所形成的液膜可以忽略不计。因此,可以认为在水介质中的密封圈与金属粗糙峰直接接触,液膜对密封圈的磨损没有保护作用。

将节点处的接触压力梯度代入公式(2-4)中,可以求得每个节点位置的油膜厚度,在 MATLAB 中进行数值求解,并绘制拟合曲线,如图 6-3 所示。

由图 6-3 可以看出,内行程的液膜厚度总体大于外行程液膜厚度。在进入密封区域后,液膜厚度开始快速增加,然后在中间部分液膜厚度趋于稳定,稳定膜厚在 $0.004\sim0.006\ \mu\mathrm{m}$ 范围之间,在密封唇的唇口处,液膜膜厚发生大幅度的波动。从液膜的厚度曲线也可以看出,水润工况的液膜厚度相比于金属轴或者密封圈本身的均方根粗糙度值而言可以忽略不计。

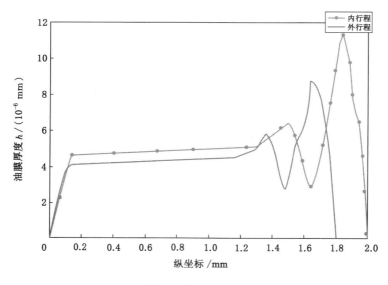

图 6-3　液膜厚度曲线

6.2　Archard 磨粒磨损模型

较硬对磨表面的凸峰或者微观粗糙峰在摩擦过程中引起较软对磨表面材料脱落的现象,称为磨粒磨损。很显然,Y 形密封圈与轴发生相对运动过程中产生的磨损现象,符合磨粒磨损特征。

磨粒磨损是最普遍的磨损现象,在所有磨损类型中,磨粒磨损占到了一半以上。英国学者 J.F.Archard 在通过大量试验分析后提出了磨粒磨损理论,该理论认为两名义平整的表面,其实接触位置发生在微观峰元上,峰元上的应力远远大于平均应力,使得较硬材料的接触峰元嵌入较软材料内,并且在相对滑移的同时,材料较软的峰元发生强度破坏产生磨粒,Archard磨粒磨损模型将不同形状的峰元进行理想化的处理,认为其为锥形,如图 6-4 所示。

锥形磨粒受到 N 的集中力,压入硬度为 H 的被磨表面深度 D,运动一段距离 L,可得磨损体积计算式如下:

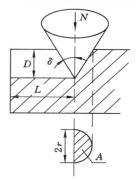

图 6-4　磨粒磨损模型

$$N = \frac{1}{2}\pi r^2 H = \frac{1}{2}\pi(D\tan\delta)^2 H$$

$$V = \frac{1}{2}(2rD)L = (D^2\tan\delta)L \tag{6-6}$$

由以上两式可得总的磨损体积为：

$$V = \left(\frac{2}{\pi H\tan\delta}\right)NL \tag{6-7}$$

令 $K = \left(\dfrac{2}{\pi H\tan\delta}\right)$，则有：

$$V = KNL \tag{6-8}$$

式中，K 为材料磨损系数。

Archard 理论模型是一种经典的简化模型，模型中忽略了很多影响因素（如磨粒分布的情况、材料的弹性变形以及材料堆积导致接触面积的变化等）。实验研究表明，磨损量与滑动距离成正比的结论基本上符合各种形式的磨损条件，磨损量与材料的硬度成反比的关系也被试验所证实[52]。但是，对于磨损量与载荷的正比关系只合适于一定的载荷范围。计算旋转往复运动条件下的磨损量问题，关键是要正确地选择（或者试验测定）给定工况下的材料磨损系数 K、计算负载力 N 及行程 L。

6.2.1　材料磨损系数

根据 J.F.Archard 在其磨损模型中的定义，磨损系数 K 表示在某一时刻被磨材料产生磨粒的概率大小。从公式来看，该系数的大小对于磨损量计算的准确性有至关重要的影响。多年来，诸多学者致力于通过试验的方法来确定磨损系数 K。E.Rabinowicz 于 1958 年系统性地给出了摩擦系数 K 的取值，如表 6-1 所示。在表中，将材料和滑动的条件进行了简单分类，针对不同的类型，给出相应的磨损系数。通过该表，可以快速地查找相应工况下的磨损系数，但是所给的试验数据并不严谨，缺乏具体的配对材料、粗糙度等信息，表中的取值可作为参考。

表 6-1　材料磨损系数

润滑状况	金属-金属		非金属-金属
	相容性金属	非相容性金属	
洁净表面	1.7×10^{-3}	6.7×10^{-5}	1.7×10^{-6}
润滑不良	6.7×10^{-5}	3.3×10^{-5}	1.7×10^{-6}
润滑一般	3.3×10^{-6}	3.3×10^{-6}	1.7×10^{-6}
润滑极好	3.3×10^{-7}	3.3×10^{-7}	3.3×10^{-7}

6.2.2 负载力 N

Archard 模型中的负载力是一个集中力,而密封圈接触面上的接触应力为面力,需要对接触应力求面积分。负载力计算公式如下:

$$N = \iint_s \sigma_c \mathrm{d}A = 2\pi D \cdot \int_l \sigma_c \mathrm{d}l = 2\pi D F_l \qquad (6-9)$$

式中　σ_c——密封表面接触应力;

$\quad\quad$ s——接触区面积;

$\quad\quad$ l——接触路径;

$\quad\quad$ A——速度幅值;

$\quad\quad$ F_l——接触路径上的合力。

需要说明的是,负载力 N 与摩擦力 F_f 之间也是相关的,$F_f = N$,同时也可以求解摩擦力矩 $T_f = F_f D/2$,在进行密封圈功率损耗计算时,需要运用相关的公式。利用 Y 形密封圈的接触应力分布曲线,运用数值积分的方法,可以求解作用在整个接触面上的总接触力。提取密封圈在给定工况下,内外行程的接触应力曲线数据如表 6-2 和表 6-3 所示。

表 6-2　内行程节点的接触应力

节点	3750	3752	3754	3756	3758	3759	3761	3763	3765	3767
坐标	0	0.070	0.140	0.211	0.282	0.353	0.424	0.495	0.566	0.638
应力	0.619	1.207	1.599	1.908	2.170	2.392	2.582	2.754	2.882	3.036
节点	3768	3770	3772	3774	3776	3405	3779	3781	3783	3785
坐标	0.710	0.781	0.853	0.925	0.997	1.069	1.141	1.213	1.285	1.357
应力	3.158	3.286	3.383	3.494	3.586	3.669	3.743	3.815	3.875	3.893
节点	3787	3788	3790	3792	3794	3796	3407	3806	3805	3804
坐标	1.429	1.500	1.572	1.641	1.710	1.780	1.849	1.861	1.872	1.883
应力	3.953	3.896	4.020	4.089	4.184	4.583	6.033	7.420	7.594	7.508
节点	3409	3803	3802	3801	3408					
坐标	1.894	1.905	1.916	1.928	1.938					
应力	7.192	6.329	4.857	2.912	0.367					

注:坐标单位为 mm,应力单位为 N。

表 6-3　外行程节点的接触应力

节点	3768	3770	3772	3418	3775	3777	3779	3781	3419	3784
坐标	0	0.063	0.127	0.191	0.255	0.320	0.384	0.449	0.514	0.579
应力	1.043	1.451	1.780	2.048	2.258	2.459	2.643	2.802	2.941	3.111
节点	3786	3788	3790	3792	3793	3795	3797	3799	3801	3421
坐标	0.645	0.710	0.776	0.842	0.908	0.974	1.040	1.106	1.172	1.238
应力	3.269	3.394	3.530	3.669	3.799	3.899	4.096	4.186	4.263	4.535
节点	3804	3806	3808	3810	3812	3821	3820	3819	3818	3817
坐标	1.303	1.368	1.432	1.494	1.556	1.598	1.608	1.619	1.640	1.651
应力	4.615	4.760	5.150	5.683	6.956	10.775	11.594	11.999	12.049	11.392
节点	3816	3423	3615	3614	3613	3425	3822			
坐标	1.661	1.672	1.682	1.692	1.705	1.719	1.751			
应力	10.823	10.252	9.408	7.741	5.868	2.386	0.000			

注:坐标单位为 mm,应力单位为 N。

由数值积分公式可得:

$$F_{li} = \int_l \sigma(y)\mathrm{d}y = \sum_{i=0}^{34}(y_{i+1}-y_i)\sigma(y_i) = 4.534 \text{ N/mm}$$

$$F_{lo} = \int_l \sigma(y)\mathrm{d}y = \sum_{i=0}^{36}(y_{i+1}-y_i)\sigma(y_i) = 5.157 \text{ N/mm}$$

式中,F_{li} 为内行程接触路径 l 上的合力,F_{lo} 为外行程接触路径 l 上的合力。

当 D 取 20 mm 时,负载力为:

$$N_i = 2\pi D \cdot F_l = 2 \times 3.14 \times 20 \times 4.534 = 569.47 \text{ N}$$

$$N_o = 2\pi D \cdot F_l = 2 \times 3.14 \times 20 \times 5.157 = 647.72 \text{ N}$$

6.2.3　行程 L

由旋转往复纯水动密封几何模型可得螺旋线的长度:

$$L = \int_S l\,\mathrm{d}s = \int_S \sqrt{x'^2+y'^2+z'^2}\,\mathrm{d}t = \int_0^\tau \sqrt{D^2\omega^2 + A^2\sin^2(2\pi ft)}\,\mathrm{d}t$$

$$(6-10)$$

已知钎尾往复运动的频率 $f = 50$ Hz,往复行程 $S = 1.5$ mm,旋转速度 $\omega = 36.65$ rad/s,钎尾直径 $D = 20$ mm,$K_h = 1.7 \times 10^{-6}$,密封压力 $p = 3$ MPa,摩擦

系数 $\mu=0.3$，设钎尾作正弦往复运动，其速度幅值为 A，则：

$$S = \int_0^{\frac{1}{2f}} A\sin(2\pi ft)\mathrm{d}t = 1.5 \text{ mm}, A = 234 \text{ mm/s}$$

将 A 值代入式（6-10）中，可得：

$$
\begin{aligned}
L &= \int_0^\tau \sqrt{D^2\omega^2 + A^2\sin^2(2\pi ft)}\,\mathrm{d}t \\
&= \int_0^{0.01} \sqrt{20^2 \times 36.65^2 + 234^2\sin^2(100\pi t)}\,\mathrm{d}t
\end{aligned}
\tag{6-11}
$$

将上式带入 MATLAB 进行数值积分运算得 $L=7.51$ mm。

6.2.4　磨损量及磨损寿命的计算

提取仿真结果中 Y 形纯水动密封在密封过程中的接触应力变化代入磨损量计算模型中，就可以实现原始结构参数下的 Y 形纯水动密封在钎尾一次冲击过程中磨损量的计算。

在对冲击过程中 Y 形纯水动密封磨损量进行计算时，需要确定两个参数，即负载力 N 和摩擦行程 L，其中负载力可以根据接触应力计算得出，而摩擦行程可以直接从仿真模型中进行提取。因此对磨损量的计算主要就是确定负载力 N 随摩擦行程 L 变化的关系，从而对其积分得出磨损量。对 Y 形纯水动密封的负载力 N 计算如图 6-5 所示。

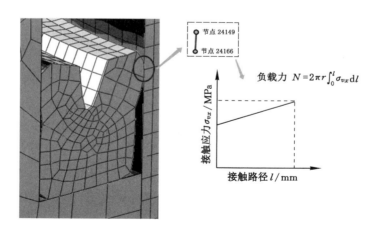

图 6-5　Y 形纯水动密封所受负载力的计算

通过对接触路径上接触应力进行积分可得出接触路径上的负载力 N，并对其乘 $2\pi r$（r 为钎尾半径）即可得 Y 形纯水动密封与钎尾接触面上总的负载力。

如图 6-5 所示,在接触路径上有两个节点与钎尾进行接触,其中上节点为 24149,下节点为 24166,提取两个节点在冲击过程中的接触应力,如图 6-6 所示。

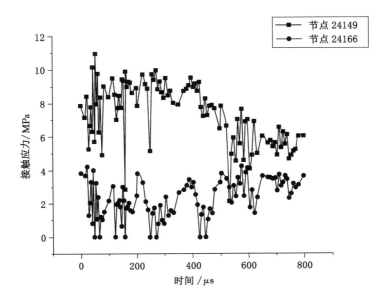

图 6-6　接触节点的接触应力

由于凿岩机特殊的高速旋转和高频冲击工况以及橡胶类材料特殊的黏弹性特点,在密封的过程中 Y 形纯水动密封与钎尾接触的紧密程度随钎尾的冲击呈来回波动的特点,从而造成 Y 形纯水动密封在密封过程中的接触应力值也呈现出波动的状态。

根据仿真模型,接触路径的长度为 0.643 mm,r 取 19.61 mm,因此可得原始结构参数下的 Y 形纯水动密封负载力计算式:

$$N = 2\pi r \int_0^l \sigma_{vx} \, \mathrm{d}l = 2\pi \times 19.61 \int_0^{0.643} \sigma_{vx} \, \mathrm{d}l \qquad (6\text{-}12)$$

由于摩擦行程 L 随时间的变化可由仿真模型直接获取,将节点 24149 和 24166 的接触应力带入计算式,即可得出钎尾冲击过程中的 Y 形纯水动密封所受的负载力随摩擦行程 L 的变化关系,如图 6-7 所示。

根据 Achard 磨损计算公式,可以求得旋转往复密封在一个冲击过程中总的磨损量为:

$$V = KN_i L + KN_0 L = 7.267 \times 10^{-6} \ \mathrm{mm}^3$$

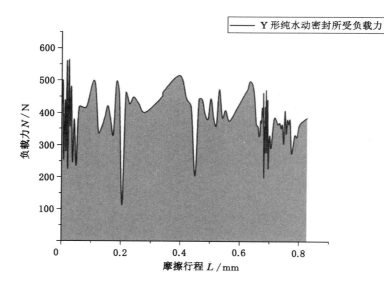

图 6-7　Y 形纯水动密封所受负载力

式中, K 的取值参考文献[53], 同时与材料磨损系数取值表 6-1 进行对照后确定 $K = 1.7 \times 10^{-6}$。

1 h 的磨损量为:

$$V_1 = 100 \times 3\ 600 \times V = 2.616\ \text{mm}^3$$

在求得每小时的密封磨损量以后, 可由动密封的最小压缩率求得允许的最大磨损体积。动密封的最小压缩率要求主要看密封圈的材料, 不同材料的压缩率要求不一样。丁腈橡胶的硬度一般在 75~85 之间, 对于动密封工况, 要求其压缩率 $w \geqslant 7\%$。

文中 Y 形密封圈和动密封沟槽的主要结构尺寸如图 6-8 和图 6-9 所示。

在密封圈完成初始装配时的预压缩率为:

$$w = \frac{D_s - D_d}{D_s} = 19.4\%$$

式中　D_s——密封圈宽度;

　　　D_d——沟槽宽度。

当密封圈工作一段时间以后, 密封圈的密封内唇发生磨损(压缩率 w' 取临界值 7%), 磨损后的宽度为:

$$D_s{}' = (1 - w') \times D_s = 5.766\ \text{mm}$$

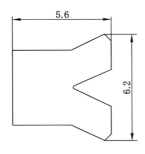

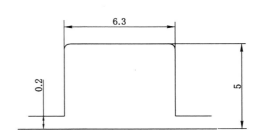

图 6-8　Y 形密封圈截面图　　　　　图 6-9　动密封沟槽结构图

假设密封圈的密封外唇不发生磨损,所有的磨损均发生在密封内唇上,则可以求得磨损的面积 $A = 0.291$ mm,磨损的体积 $V = \pi DA = 36.55$ mm³。则在给定工况下,Y 形密封圈在旋转往复运动条件下的预期寿命为:

$$W_L = V/V_1 = 14 \text{ h}$$

6.3　影响磨损寿命的因素

密封圈在复杂工况下,其磨损寿命受到如钎尾冲击速度、旋转速度、介质压力、摩擦系数等诸多因素的影响。为研究不同因素对于密封圈磨损寿命的影响特性,对给定工况下密封圈的磨损寿命变化规律进行分析计算。

6.3.1　冲击速度幅值对磨损寿命的影响

冲击速度幅值分别取 157 mm/s、235 mm/s、314 mm/s、392 mm/s,根据前文公式及数据可得不同冲击速度情况下的磨损寿命变化曲线,如图 6-10 所示,由图可知密封圈的磨损寿命随冲击速度幅值的增大而逐渐减小,这是因为速度幅值较大时,运动较剧烈,磨损情况比较严重,相同时间内磨损量变大,因此磨损寿命较小。

6.3.2　旋转速度对磨损寿命的影响

旋转速度分别取 150 r/min、250 r/min、350 r/min、450 r/min,根据前文公式及数据可得不同旋转速度情况下的磨损寿命变化曲线,如图 6-11 所示,由图可知随着旋转速度的增大,密封圈的磨损寿命逐渐减小。这是因为旋转速度变大时,运动变得剧烈起来,密封圈变形较大,相同时间的磨损量变大,因此磨损寿命缓慢逐渐增大。

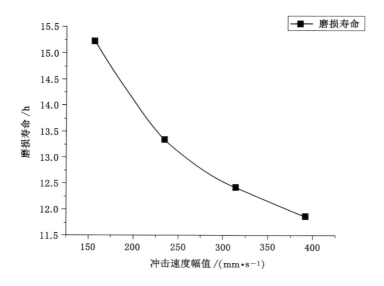

图 6-10　不同冲击速度幅值下的磨损寿命

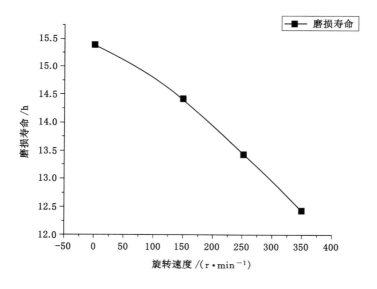

图 6-11　不同旋转速度下的磨损寿命

6.3.3　介质压力对磨损寿命的影响

内行程的工作压力保持 3 MPa 不变,外行程的工作压力分别设置为 3 MPa、3.2 MPa、3.4 MPa、3.6 MPa。工作压力的变化会使得接触应力改变,从而影响密封圈的磨损寿命。不同压力变化的磨损寿命如图 6-12 所示。

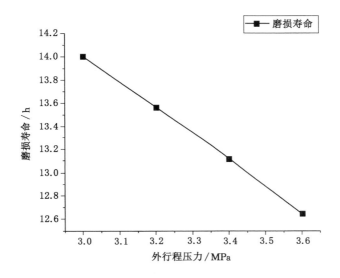

图 6-12　压力变化与磨损寿命关系的曲线

由图 6-12 可知,随着压力变化的增加,磨损寿命逐渐降低,磨损寿命与压力变化呈现出线性变化规律。压力变化的增加使得密封圈在外行程的接触应力变大,外行程时的磨损率增加,磨损寿命减小。

6.3.4　摩擦系数对磨损寿命的影响

摩擦系数对于密封圈的接触应力和密封圈的磨损系数均有影响,将密封圈与钎尾间接触的摩擦系数分别设置为 0.25、0.3、0.35、0.4。通过仿真得出接触应力,并将仿真结果代入到磨损寿命计算公式,得不同摩擦系数下的磨损寿命,如图 6-13 所示。

由图 6-13 可知,随着摩擦系数的增加,磨损寿命迅速降低,磨损寿命受摩擦系数的影响很大。摩擦系数的增加使得密封圈的接触应力增加,使得密封圈的磨损率增加,磨损寿命减小。

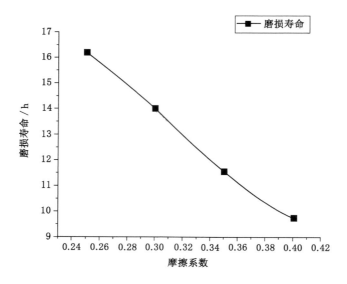

图 6-13　摩擦系数与磨损寿命关系的曲线

6.4　Y 形纯水动密封寿命的综合分析

　　在实际的使用过程中,纯水动密封失效的主要原因为密封的过度磨损和密封疲劳断裂,通过对比不同的工况分析动密封的磨损失效寿命和疲劳断裂寿命,分析导致失效的主导因素,以便对动密封的失效进行评估。

　　图 6-14 为丁腈橡胶 Y 形纯水动密封在内行程压力 3 MPa,外行程压力分别为 3 MPa、3.2 MPa、3.4 MPa 和 3.6 MPa 时磨损寿命和疲劳寿命的曲线。由图可知,随着外行程压力的增加,密封圈的磨损寿命呈现线性的缓慢减小的趋势,而疲劳寿命快速减小。当外行程的压力增大到 3.49 MPa 时,磨损寿命与疲劳寿命相等为 12.92 h。当外行程的压力在 3~3.4 MPa 之间时可以认为磨损破坏占据主导地位,密封圈主要发生磨损失效,当外行程压力在 3.4~3.6 MPa 之间时可以认为磨损和疲劳同时影响密封圈的寿命,密封圈主要发生磨损和疲劳失效,当外行程压力大于 3.6 MPa 时疲劳占主导地位,密封主要发生疲劳失效。

　　图 6-15 为丁腈橡胶在内外行程压力均为 3 MPa,摩擦系数分别为 0.25、0.3、0.35、0.4 时磨损寿命和疲劳寿命的曲线。由图可知,随着摩擦系数的增加磨损寿命和疲劳寿命均减小,但是磨损寿命曲线下降的趋势更大,在整个过程中

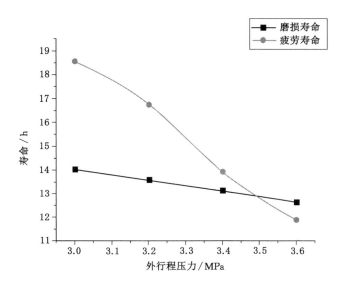

图 6-14　压力变化对密封圈寿命的影响

都是磨损起主要作用。当不考虑外行程的压力变化时,密封圈破坏的主要原因是磨损破坏。

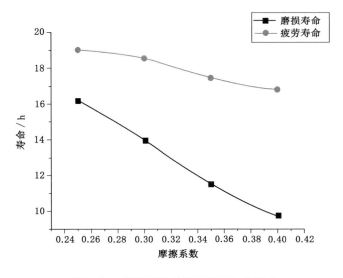

图 6-15　摩擦系数对密封圈寿命的影响

6.5 本章小结

（1）在仿真结果的基础上，计算了密封圈在给定工况下的最大油膜厚度，得出油膜厚度可以忽略，密封圈的磨损情况可以按照干摩擦进行计算的结论。

（2）以 Achard 磨损模型为基础，给出了旋转往复运动情况下的磨损长度、总接触力及磨损寿命的计算公式，实现了给定工况下密封磨损寿命的计算。分析了冲击速度、旋转速度、介质压力和摩擦系数等参数对密封磨损寿命的影响规律。

（3）分析了压力变化和摩擦系数对于纯水动密封寿命的综合影响，给出了不同工况下导致密封失效的主导因素。

第 7 章　旋转往复纯水动密封协同优化设计

随着现代液压和气动设备的大规模应用,开始出现很多特定工况下的密封需求,如高速旋转密封、高压高温密封、冲击密封和水介质密封等。而现有的密封结构对于密封工况的多变场合并没有进行合理的改进,导致很多密封由于工况与密封结构不匹配而引起失效。由于橡胶类材料复杂的非线性行为,使密封圈在结构优化设计的过程中不能简单沿用机械零部件设计中以强度和刚度为准则的设计方法,针对这种情况研究人员提出了以下密封结构的优化设计方法。

(1)经验设计法。根据密封圈的常见失效形式,工程师对密封圈的相关结构设计进行了经验总结,形成经验设计法,如密封圈的初始过盈量不能过大,过大会导致摩擦力增大易磨损,在低压时增大 Y 形密封圈的唇谷夹角可以提高密封能力,在高压时减小唇谷夹角可提高抗压能力等。由于密封圈的结构并不复杂且成本较低,使得这种简易的经验设计法在工程实际中广泛应用。

(2)响应曲面法。响应曲面法由 George E.P. Box 和 K.B. Wilson 在 1951 年提出,它将数学方法和统计分析相结合,通过一个多项式方程来对应变量和对应过程变量组合间的数学关系进行精确的描述,以较少的试验组数来建立过程量和响应变量间的复杂多维空间曲面轮廓,进而得到较优的响应值和因素水平。由于响应曲面法考虑了试验随机误差,计算比较简便,且预测模型是连续的,因此响应曲面法也是密封圈结构优化的主要手段之一。

(3)正交试验法。正交试验法是多因素多水平试验研究的一种数理统计方法,由于其能够通过有限的试验次数来反映全面试验的特点,使其广泛地应用于密封圈的结构优化设计中。由于密封圈所用的橡胶类材料具有较为复杂的非线性行为特征,难以通过理论分析出各结构参数间复杂的耦合关系,但通过正交试验可以快速确定对密封性能影响的主次因素,并通过对试验结果的分析可找出最优的因素水平组合,快捷、有效地完成对密封圈的结构优化设计。

以上三种密封圈结构的优化设计方法,只是提出初步的优化改进方案,优化的结果只是局部最优点,而不是全局最优点,本书在正交试验的基础上,结合 BP

神经网络和遗传算法提出一种协同优化方法来对 Y 形纯水动密封的结构参数进行优化。

7.1 基于正交试验的协同优化设计方案

鉴于现有的密封圈结构的优化设计方法没有达到较好的优化效果,因此通过正交试验法、BP 神经网络和遗传算法三者之间的优势互补,来建立基于正交试验法的协同优化方案对凿岩机 Y 形动密封的截面几何结构参数进行优化改进,提高其密封性能。

7.1.1 正交试验法

在生产实践中试验新产品、改进生产工艺时,往往都需要大量的试验,以找到较优的生产方式。但是大量的试验需要投入大量的人力、物力、时间、成本等,并且在试验中,很多因素都会对试验的结果产生影响,因此在大多情况下进行全面试验来反映因素对试验结果的影响是不切实际的。为此,英国学者 Ronald A.Fisher 为提高试验分析的效率,基于数理统计原理提出了正交试验法。这种方法运用均衡分布的思想,在试验分析中选取具有正交性质的因素和水平进行试验,在大幅减少试验次数的同时也能取得较好的试验效果。正交试验的本质是运用数学的组合理论使试验具备均衡分散和综合可比性,通过对试验结果的分析来确定参与试验的因素对试验结果的响应程度。并且可以通过极差分析和方差分析对参与试验的因素做进一步的分析,从而定量的确定试验因素对试验结果的影响程度,探求各因素水平的最佳组合。由于正交试验对于因素间复杂关系处理、寻求新规律的有效性,使其大量运用于工程实际中。

由于正交试验试验点选取的代表性和均衡性,在很大程度上反映了全面试验的特点,在大大提高试验效率的同时也能够为协同优化提供高效的样本数据。全面试验是对所有因素在各水平下的所有组合均进行试验,以三因素三水平的全面试验为例,其全面试验的组合如表 7-1 所示。

表 7-1　全面试验因素组合

		C_1	C_2	C_3
	B_1	$A_1B_1C_1$	$A_1B_1C_2$	$A_1B_1C_3$
A_1	B_2	$A_1B_2C_1$	$A_1B_2C_2$	$A_1B_2C_3$
	B_3	$A_1B_3C_1$	$A_1B_3C_2$	$A_1B_3C_3$

表 7-1(续)

		C_1	C_2	C_3
	B_1	$A_2B_1C_1$	$A_2B_1C_2$	$A_2B_1C_3$
A_2	B_2	$A_2B_2C_1$	$A_2B_2C_2$	$A_2B_2C_3$
	B_3	$A_2B_3C_1$	$A_2B_3C_2$	$A_2B_3C_3$
	B_1	$A_3B_1C_1$	$A_3B_1C_2$	$A_3B_1C_3$
A_3	B_2	$A_3B_2C_1$	$A_3B_2C_2$	$A_3B_2C_3$
	B_3	$A_3B_3C_1$	$A_3B_3C_2$	$A_3B_3C_3$

为了更好地体现全面试验与正交试验的区别,将上述的三因素三水平试验用一个三维立方体来表示三因素三水平的全面试验。图 7-1 中各个交叉节点表示全面试验中的各个试验组合。若将全面试验改为正交试验,在 9 个平面中的每行、每列只选取一个试验点,共 9 个试验点,试验点的选取如图 7-2 所示。

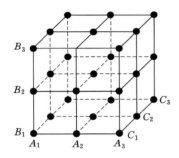 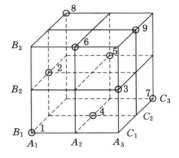

图 7-1　全面试验节点选取示意　　　　图 7-2　正交试验节点选取示意

正交试验所选取的节点均衡地分布在全面试验中,每个节点均具有很强的代表性,因此正交试验能在很大程度上反映全面试验的情况,并且试验次数只占全面试验的三分之一,大大减小了设计容量,提高了工作效率。

但是正交试验也具有相当的局限性,虽然正交试验法具有试验次数少、易于分析各因素对试验指标的效应和使用方便等优点,但是其优化出来的结果只能是试验因素所用水平的某种组合,并不会超过因素所取水平范围,优化的结果也只是局部最优点,并不是全局最优点。因此在正交试验的基础上,采用协同优化的方式对 Y 形动密封的截面几何结构参数进行优化改进,从而得到 Y 形动密封截面几何结构参数的全局最优点。

7.1.2　BP 神经网络

BP 神经网络(backpropagation neural network)是一种基于人脑神经系统思维特点的抽象描述所提出的一种仿生算法。由于对于 Y 形动密封截面几何结构参数与密封性能之间复杂的非线性关系无法通过建立数学模型的方式进行处理,因此利用 BP 神经网络对输入量-输出量间的复杂非线性行为进行学习,为通过 Y 形密封圈的截面几何结构参数来预测凿岩机动密封的密封性能提供高效率、高精度的求解方案。BP 神经网络按照信息传递方式的不同可以分为简单前馈型、反馈型和内层互联型,如图 7-3 所示。根据协同优化方案的需要,选用简单前馈型 BP 神经网络对正交试验数据库进行学习,利用 BP 神经网络的预测功能,对遗传算法中种群个体的适应度值进行预测,完成协同优化的寻优过程。

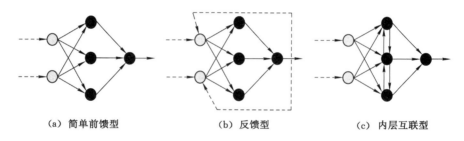

(a)　简单前馈型　　　　　　(b)　反馈型　　　　　　(c)　内层互联型

图 7-3　BP 神经网络结构类型

在协同优化方案中,BP 神经网络主要作为连接正交试验和遗传算法的中间媒介,通过 BP 神经网络对 Y 形动密封的截面几何结构参数和密封性能指标参数间的复杂非线性关系进行学习,实现对不同截面几何结构参数下的密封性能指标参数进行预测,并将预测值作为遗传算法的适应度函数,进而完成对密封截面几何结构参数的优化改进。

虽然正交试验所提供的训练数据量较少,但是正交试验所选取的试验点具有较好的均衡性和代表性,能够极大程度地反映全面试验的特点,大大增强了 BP 神经网络的训练效果,因此以正交试验有限的数据量也能获得拟合效果较好的 BP 神经网络。

7.1.3　遗传算法

遗传算法(genetic algorithm)是通过模拟自然生物界的自然选择和遗传机理来寻找最优解。由于遗传算法的优化过程遵循了优胜劣汰、适者生存的原则,在众多的解决方案中逐渐向最优解进行逼近，并且不依赖于所求解问题的具体领域，对于非线性、多目标的函数优化有较好的效果，使其广泛应用于众多学科中。

遗传算法的主要流程如图 7-4 所示，首先要对初始数据进行编码，即将问题的可行解从其解空间转换到遗传算法所能处理的搜索空间，常用的编码方法有二进编码和实数编码。在编码完成后，即可对种群进行初始化，随后通过目标函数对种群个体的适应度进行判断，对产生的遗传种群进行非劣类操作，同时选择合适的中间代群体进行选择、交叉和变异，产生新的子代种群。在"适者生存"生物群体优化机制下，进行逐代优化，最终得到种群中的最优个体，即为遗传算法寻找的最优解。

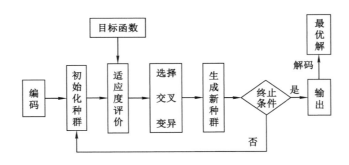

图 7-4　遗传算法主要流程

虽然遗传算法对非线性问题的求解具有相当的优势，但是由于其自身的局限性，在优化求解的过程中容易陷入局部最优解，因此将 BP 神经网络与遗传算法进行结合，利用 BP 神经网络的预测功能来计算种群个体的适应度值，进而帮助遗传算法完成种群的全局寻优。

7.1.4　协同优化设计方案

对于单个截面几何结构参数对密封性能的影响可以通过试验研究或者仿真分析的手段获得。但在同时考虑密封多个截面几何结构参数对密封性能的影响时，仅采用试验研究和仿真手段难以达到较好的效果。

为得到凿岩机 Y 形动密封在密封性能指标下的最优结构参数，提出了基于正交试验协同优化方法。具体的协同方案如图 7-5 所示。利用正交试验来建立 Y 形动密封在不同截面几何结构参数下密封性能的数据样本，通过 BP 神经网络强大的非线性映射能力对正交试验的数据样本进行学习，利用 BP 神经网络的预测功能对遗传算法中种群个体的适应度进行计算,通过遗传算法的生物进化机制完成 Y 形动密封在多指标参数下的自适应多参数全局寻优。

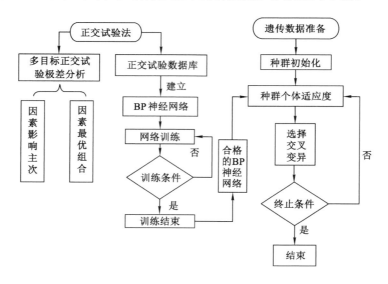

图 7-5　协同优化方案流程图

7.2　Y 形纯水动密封的数学优化模型

根据基于正交试验的协同优化方案对 Y 形纯水动密封的截面几何参数进行优化时,首先要根据凿岩机的工况确定优化变量和优化目标。其中优化变量为凿岩机 Y 形动密封的截面几何结构参数,而优化目标则为密封性能的评价指标。

7.2.1　协同优化设计变量及约束条件

如图 7-6 所示,凿岩机 Y 形动密封截面几何结构参数主要包括唇厚 A、倒角长度 B、唇长度 C、唇口深度 D、唇谷夹角 E、唇与钎尾夹角 F、根部倒角 J、高度 H、根部宽度 I 和 Y 形密封圈中心半径 R。由于密封截面几何结构参数较多,在对 Y 形纯水动密封的结构进行优化来提高凿岩机 Y 形动密封的密封性能时,首先要根据凿岩机 Y 形动密封的工况特点确定需要优化的结构参数。

根据凿岩机 Y 形动密封在密封过程中的受力情况和密封机理,密封过程中 Y 形动密封的主要受力部位为密封唇谷与密封唇。密封唇谷是介质压力的主要

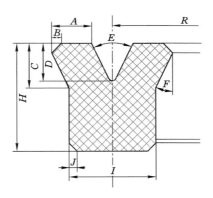

图 7-6　凿岩机 Y 形动密封参数化模型

作用部位,通过对唇谷的挤压来实现密封的轴向压缩,通过对唇谷的扩张、变形来实现密封唇的周向压缩,在介质压力持续作用下唇谷部位很容易产生永久变形,并出现较大的应力集中。密封唇是实现密封作用的主要部位,钎尾的旋转、冲击运动都会直接作用在密封唇上。

通过上述分析,选定唇厚 A、倒角长度 B、唇长度 C、唇口深度 D、唇谷夹角 E 和唇与钎尾夹角 F 作为研究对象,进而得到协同优化的设计变量如下:

$$X = (A, B, C, D, E, F)^{\mathrm{T}} \tag{7-1}$$

根据实际 Y 形密封圈的结构参数,确定唇与钎尾的夹角范围在 16.7° 至 22° 之间,唇谷夹角的取值在 50° 至 60° 之间[79],结合凿岩机 Y 形动密封的实际尺寸确定设计变量的约束条件为:

$$\begin{cases} 1.6 \text{ mm} \leqslant A \leqslant 2.4 \text{ mm} \\ 0.37 \text{ mm} \leqslant B \leqslant 0.57 \text{ mm} \\ 1.9 \text{ mm} \leqslant C \leqslant 2.7 \text{ mm} \\ 1.75 \text{ mm} \leqslant D \leqslant 2.15 \text{ mm} \\ 50° \leqslant E \leqslant 58° \\ 17° \leqslant F \leqslant 25° \end{cases} \tag{7-2}$$

7.2.2　协同优化目标

在对凿岩机 Y 形动密封的结构进行优化改进时,还要确定密封性能的评价指标参数,不同的优化指标代表了不同的优化方向,会产生截然不同的优化方案。由于在不同工况、不同润滑条件下以及不同结构形式下密封圈的密封性能指标参数会存在较大的差异,因此需要对凿岩机的工况进行具体的分析来确定适用于凿岩机 Y 形动密封的密封性能指标参数,如图 7-7 所示。

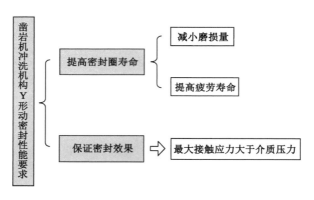

图 7-7　凿岩机冲洗机构 Y 形动密封性能要求

结合凿岩机高速旋转和高频冲击工况,凿岩机冲洗机构对 Y 形动密封的密封性能有两方面要求:

(1) 保证密封效果,即保证密封副耦合面间的最大接触应力大于内部冲洗水的介质压力,防止冲洗水污染凿岩机内部的油液。但是对于这种型号的 Y 形密封圈来说最大接触应力几乎都大于介质压力,密封效果已足够达到要求。

(2) 提高凿岩机 Y 形动密封的使用寿命,即提高凿岩机冲击机构工作的稳定性。由于凿岩机 Y 形动密封内外行程的液膜厚度远小于光滑金属轴的均方根粗糙度值[100],因此凿岩机动密封处于干摩擦状态,液膜对密封并没起到保护作用。且在凿岩机的旋转冲击作用下,密封内部会产生循环交变的应力,严重影响密封寿命。因此要提高凿岩机 Y 形动密封的寿命,需要从两方面进行考虑:第一,减小 Y 形动密封的磨损量;第二,密封疲劳寿命应尽可能长。

为此,可以确定密封疲劳寿命和磨损量两个目标来对凿岩机 Y 形动密封的密封性能进行评价,属多目标优化,宜采用线性加权和法对协同优化中的多个目标函数进行处理。线性加权和法的一般表达式如下:

$$\begin{cases} \min_{x \in D} F(x) = \sum_{i=1}^{l} W_i f_i(x) \\ \sum_{i=1}^{l} W_i = 1, W_i \geqslant 0 \end{cases} \qquad (7\text{-}3)$$

式中,$F(x)$ 为综合目标函数,W_i 为加权系数,$f_i(x)$ 为多目标优化问题中的各个目标函数。

由于 Y 形纯水动密封的疲劳寿命和磨损量具有相同的重要程度,加权系数各取 0.5,由此可得 Y 形纯水动密封的数学优化模型为:

$$\begin{cases} \min F(X) = 0.5 \cdot f_1(X) + 0.5 f_2(X) \\ X = (A, B, C, D, E, F)^{\mathrm{T}} \end{cases} \tag{7-4}$$

式中,$f_1(X)$ 为 Y 形纯水动密封的疲劳寿命,$f_2(X)$ 为 Y 形纯水动密封的磨损量,X 为设计变量。

7.3　Y 形纯水动密封的协同优化设计

在建立优化目标的设计变量的基础上,就可以根据基于正交试验的协同优化设计方案对 Y 形纯水动密封几何结构参数进行优化改进。主要从正交试验设计、BP 神经网络训练和遗传算法三方面对凿岩机 Y 形动密封开展协同优化,具体实施流程如图 7-8 所示。

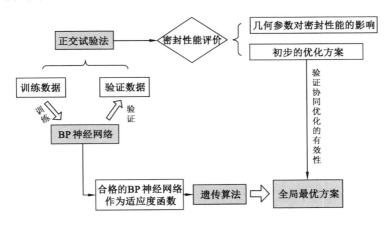

图 7-8　协同优化的主要过程

（1）正交试验设计:根据 Y 形动密封的几何结构参数设计正交试验,以正交试验的结果建立 BP 神经网络的训练数据库,并通过极差分析法得出正交试验下的优化方案。

（2）BP 神经网络训练:通过正交试验的结果来训练 BP 神经网络,并对其进行验证。通过 BP 神经网络的预测功能,对遗传算法中种群个体的适应度值进行预测。

（3）遗传算法建立：以 BP 神经网络作为适应度函数，解决遗传算法容易陷入局部最优解的问题，并将优化结果与正交试验下的优化结果进行对比，验证协同优化的有效性。

7.3.1 Y 形纯水动密封的正交试验设计

7.3.1.1 正交试验的基本流程

正交试验法属于离散优化法，通过在试验区域内有目的、有规律地散布一定量的试验点来进行多方向同时寻优。其最主要的作用就是通过正交表安排与分析多变量因素试验，在全部组合中挑选具有代表性的因素组合进行试验，通过对这部分试验结果的分析来了解全面试验的规律，并找出最优的因素参数组合。其基本步骤主要包含试验方案设计和试验结果分析两部分。正交试验的基本流程如图 7-9 所示。

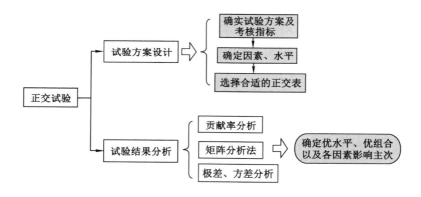

图 7-9　正交试验基本流程

使用正交试验法，首先确定试验目的，然后根据试验目的来确定试验因素和水平，并选择合适的正交表进行正交试验，标准的正交试验表有 $L_4(2^3)$、$L_8(2^7)$、$L_9(3^4)$ 等，对号入座即可。

在正交试验完成后，即可对正交试验的结果进行分析，通过极差分析、方差分析、贡献率分析和矩阵分析等方法，来判断试验因素对试验指标影响的显著程度，并可得到试验因素的优水平和优组合，完成正交试验下初步优化方案。本文采用极差分析法对正交试验的结果进行分析。

7.3.1.2 Y 形纯水动密封正交试验设计

凿岩机对 Y 形纯水动密封的性能要求主要有耐磨损和疲劳寿命长两方面，

因此将疲劳寿命和磨损量作为正交试验的试验指标,疲劳寿命越长,磨损量越小,则动密封的密封性能也就越好。

Y 形纯水动密封的优化模型中已经确定了协同优化的 6 个设计变量及各个变量的约束条件。因此将协同优化的 6 个设计变量作为正交试验的 6 个因素,以疲劳寿命和磨损量为试验指标,对凿岩机 Y 形动密封的截面结构参数进行研究。并根据协同优化中各个设计变量的约束条件,在变量范围内均布地取 5 个水平,选取标准的 $L_{25}(5^6)$ 正交表进行正交试验,各因素的水平如表 7-2 所示。

表 7-2　正交试验因子水平

水平	因子					
	唇厚 A/mm	倒角长度 B/mm	唇长度 C/mm	唇口深度 D/mm	唇谷夹角 E/(°)	唇与钎尾夹角 F/(°)
1	1.6	0.37	1.9	1.75	50°	17°
2	1.8	0.42	2.1	1.85	52°	19°
3	2	0.47	2.3	1.95	54°	21°
4	2.2	0.52	2.5	2.05	56°	23°
5	2.4	0.57	2.7	2.15	58°	25°

7.3.2　Y 形纯水动密封结构参数对密封性能的影响分析

利用 ABAQUS 有限元分析软件,对正交试验 25 种试验组合下不同结构参数的凿岩机 Y 形动密封进行仿真计算,提取钎尾冲击过程中 Y 形动密封的等效应力和接触应力,基于凿岩机 Y 形动密封的密封性能计算模型,对不同结构参数下凿岩机 Y 形动密封的疲劳寿命和磨损量进行计算,计算结果如表 7-3 所示。

表 7-3　计算结果

序号	因素组合	疲劳寿命 /h	磨损量 /mm³	序号	因素组合	疲劳寿命 /h	磨损量 /mm³
1	$A_1B_1C_1D_1E_1F_1$	17.119	0.002 20	14	$A_3B_4C_1D_3E_5F_2$	21.328	0.001 98
2	$A_1B_2C_2D_2E_2F_2$	33.299	0.001 28	15	$A_3B_5C_2D_4E_1F_3$	56.662	0.001 02
3	$A_1B_3C_3D_3E_3F_3$	36.767	0.000 86	16	$A_4B_1C_4D_2E_5F_5$	9.324	0.000 84
4	$A_1B_4C_4D_4E_4F_4$	26.011	0.000 64	17	$A_4B_2C_5D_3E_1F_4$	8.908	0.000 60
5	$A_1B_5C_5D_5E_5F_5$	13.277	0.001 71	18	$A_4B_3C_1D_4E_2F_5$	17.686	0.000 93

表 7-3(续)

序号	因素组合	疲劳寿命/h	磨损量/mm³	序号	因素组合	疲劳寿命/h	磨损量/mm³
6	$A_2B_1C_2D_3E_4F_5$	9.774	0.000 62	19	$A_4B_4C_2D_5E_3F_1$	33.968	0.001 77
7	$A_2B_2C_3D_4E_5F_1$	23.874	0.001 27	20	$A_4B_5C_3D_1E_4F_3$	30.260	0.000 85
8	$A_2B_3C_4D_5E_1F_2$	35.479	0.000 84	21	$A_5B_1C_5D_4E_3F_2$	12.118	0.000 87
9	$A_2B_4C_5D_1E_2F_3$	18.014	0.000 73	22	$A_5B_2C_1D_5E_4F_3$	13.474	0.001 51
10	$A_2B_5C_1D_2E_3F_4$	26.046	0.001 12	23	$A_5B_3C_2D_1E_5F_4$	19.588	0.000 73
11	$A_3B_1C_3D_5E_2F_4$	14.687	0.000 63	24	$A_5B_4C_3D_2E_1F_5$	14.395	0.000 55
12	$A_3B_2C_4D_1E_3F_5$	9.423	0.000 54	25	$A_5B_5C_4D_3E_2F_1$	36.976	0.001 01
13	$A_3B_3C_5D_2E_4F_1$	36.827	0.000 99				

假设正交试验各因素间相互独立,根据计算结果,将每一因素各水平下的疲劳寿命和磨损量进行求和并取其平均值,用来反映正交试验各因素在不同水平下对 Y 形纯水动密封疲劳寿命和磨损量的影响,以便得到该因素下的最佳水平。由此做出试验指标和各个影响因素间的关系曲线图,如图 7-10 所示。

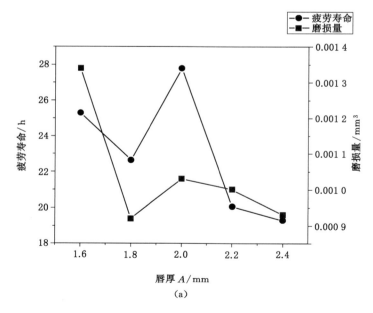

图 7-10　结构参数对 Y 形纯水动密封疲劳寿命和磨损量的影响

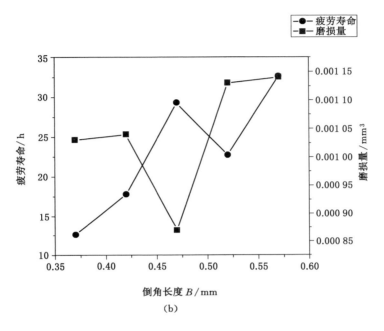

(b)

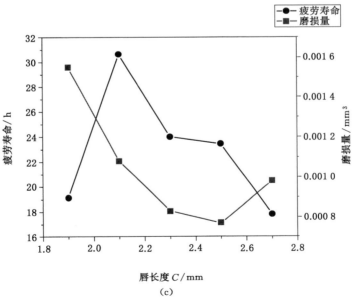

(c)

图 7-10　（续）

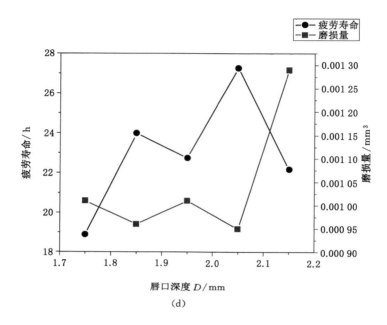

（d）

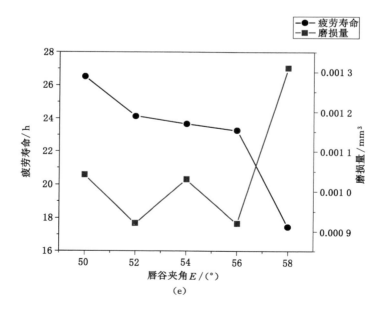

（e）

图 7-10　（续）

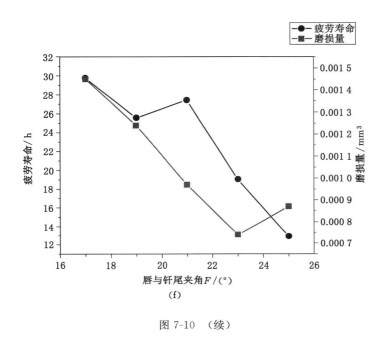

图 7-10　（续）

7.3.2.1　结构参数对 Y 形纯水动密封磨损量的影响

由图 7-10 可知,对于 Y 形纯水动密封磨损量有显著影响的因素有唇长度 C、唇与钎尾夹角 F 和唇厚 A。如图 7-10(c)所示,磨损量随唇长度的增加呈明显的减小趋势,这是因为 Y 形纯水动密封在密封时主要是通过密封唇与钎尾之间的接触进行密封,而唇长度的增加减小了密封唇的刚度,导致在相同的预压缩量下 Y 形纯水动密封所受的接触应力会更小,磨损情况也会减轻。当唇长度为 2.5 mm 时,磨损量达到最小值。如图 7-10(f)所示,磨损量随唇与钎尾夹角的增加也呈减小趋势并且与图 7-10(c)中磨损量随唇长度的变化较为类似,这是因为唇与钎尾的夹角直接影响了 Y 形纯水动密封与钎尾接触的接触面积(图 7-11),接触面积越小则在钎尾冲击过程中的磨损量也就越小,当唇与钎尾夹角为 23°时磨损量最小。如图 7-10(a)所示,磨损量随唇厚的增加而呈波动下降的趋势,其中唇厚在 1.6 mm 至 1.8 mm 间磨损量的下降幅度最大,并在 1.8 mm 时磨损量最小。

唇长度、唇与钎尾夹角和唇厚对 Y 形纯水动密封在冲击过程中的磨损量有如此显著的影响是因为,这三个参数直接影响了在相同压缩量下的 Y 形纯水动密封接触应力大小与接触面积。而接触面积会直接决定 Y 形动密封所受的负

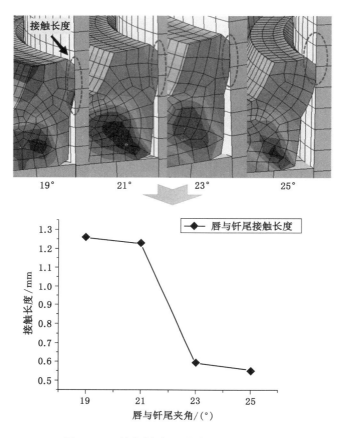

图 7-11　不同唇与钎尾夹角下的接触情况

载力,从而决定了 Y 形动密封在凿岩机钎尾冲击过程中的磨损量大小。

7.3.2.2　结构参数对 Y 形纯水动密封疲劳寿命的影响

对于 Y 形纯水动密封疲劳寿命有显著影响的因素有倒角长度 B、唇与钎尾夹角 F 和唇长度 C。如图 7-10(b)所示,疲劳寿命随着倒角长度的增加呈上升趋势,当倒角长度为 0.57 mm 时 Y 形纯水动密封的疲劳寿命最长。如图 7-10(f)所示疲劳寿命随唇与钎尾夹角的增加呈下降趋势,且当唇与钎尾夹角为 25°时 Y 形纯水动密封的疲劳寿命最短。如图 7-10(c)所示,疲劳寿命随着唇长度的增加先迅速增大,当唇长度为 2.1 mm 时疲劳寿命最长,随后逐渐减小。

倒角长度、唇与钎尾夹角和唇长度对疲劳寿命有如此显著的影响是因为,这三个参数直接决定了 Y 形纯水动密封与钎尾的接触长度和密封唇的刚度。通过前面的分析可知，凿岩机冲洗机构 Y 形纯水动密封在钎尾的冲击过程中，密封唇与钎尾之间的摩擦力会使 Y 形纯水动密封处于循环交变的应力状态下，而密封唇与钎尾的接触面积和密封唇的刚度会对 Y 形纯水动密封的循环交变应力状态产生影响，进而对 Y 形纯水动密封的疲劳寿命产生影响。

7.3.3　基于正交试验的 Y 形纯水动密封结构参数的优化改进

对于凿岩机 Y 形动密封几何结构参数的优化改进需要综合考虑各结构参数对 Y 形动密封疲劳寿命和磨损量两个方面的影响，为获得凿岩机 Y 形动密封在多目标参数下主要影响因素以及各结构参数对密封性能影响的主、次顺序和最优水平，从而提高 Y 形动密封的密封性能，通过极差分析的方式对正交试验的结果进行处理。极差分析简称 R 法，主要包括计算和判断两个步骤，如图 7-12 所示。

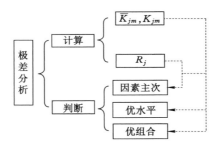

图 7-12　极差分析的步骤

其中，K_{jm} 为第 j 列因素第 m 水平所对应的试验指标和，$\overline{K}_{jm}$ 为 K_{jm} 的平均值，通过对其大小进行比较可以得出第 j 列因素的优水平。R_j 为第 j 列因素的极差，即第 j 列因素水平下的最大平均值和最小平均值的差值。其表达式为：

$$R_j = \max(\overline{K}_{j1}, \overline{K}_{j2}, \overline{K}_{j3}, \cdots, \overline{K}_{jm}) - \min(\overline{K}_{j1}, \overline{K}_{j2}, \overline{K}_{j3}, \cdots, \overline{K}_{jm}) \quad (7\text{-}5)$$

R_j 反映了第 j 列元素水平变化时，试验指标的波动幅度，R_j 越大，则说明该因素对试验指标的影响越大。通过对 R_j 进行比较，可以判断试验因素对试验指标影响大小的主、次顺序。

7.3.3.1　疲劳寿命指标下的改进方案

以疲劳寿命为指标的极差分析结果如表 7-4 所示，k_1、k_2、k_3、k_4、k_5 分别表示各个因素在水平 1、水平 2、水平 3、水平 4、水平 5 下 Y 形纯水动密封的平均疲劳寿命，平均疲劳寿命最高的水平为优水平。极差则反映了在各因素下的 Y 形纯水动密封疲劳寿命的波动情况，极差越大说明该因素对 Y 形纯水动密封疲劳寿命的影响也就越大。

表 7-4　疲劳寿命指标下的分析结果

项目	唇厚 A/mm	倒角长度 B/mm	唇长度 C/mm	唇口深度 D/mm	唇谷夹角 E/(°)	唇与钎尾夹角 F/(°)
k_1	25.295	12.604	19.131	18.881	26.513	29.753
k_2	22.637	17.796	30.658	23.978	24.132	25.556
k_3	27.785	29.269	23.997	22.751	23.664	27.417
k_4	20.069	22.743	23.443	27.27	23.269	19.048
k_5	19.31	32.644	17.829	22.177	17.478	12.911
极差	8.475	20.04	12.829	8.389	9.035	16.842

对各因素的极差进行对比,如图 7-13 所示,根据极差大小可得各因素对凿岩机 Y 形动密封疲劳寿命影响的主次顺序为 B、F、C、E、A、D,即倒角长度对 Y 形纯水动密封疲劳寿命影响最大,唇与钎尾夹角和唇长度次之,唇谷夹角、唇厚和唇口深度较小。为了提高凿岩机动密封的使用寿命,分别选取各个因素的优水平,得出在疲劳寿命指标下的改进方案为 $A_3B_5C_2D_4E_1F_1$。

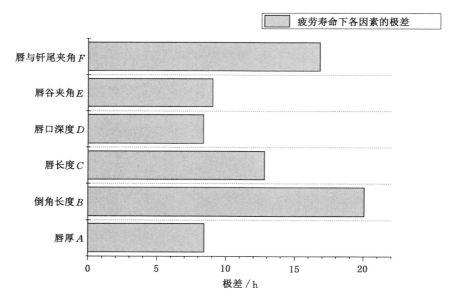

图 7-13　疲劳寿命下各因素的极差对比

7.3.3.2　磨损量指标下的改进方案

以磨损量为指标的极差分析结果如表 7-5 所示，k_1、k_2、k_3、k_4、k_5 分别表示各个因素在水平 1、水平 2、水平 3、水平 4、水平 5 下的磨损量，平均磨损量最小的水平为优水平。极差反映了在各因素下的 Y 形纯水动密封磨损量的波动情况，极差越大说明该因素对 Y 形纯水动密封磨损量的影响也就越大。

表 7-5　磨损量指标下的分析结果

项目	唇厚 A/mm	倒角长度 B/mm	唇长度 C/mm	唇口深度 D/mm	唇谷夹角 $E/(°)$	唇与钎尾夹角 $F/(°)$
k_1	0.001 34	0.001 03	0.001 55	0.001 01	0.001 04	0.001 45
k_2	0.000 92	0.001 04	0.001 08	0.000 96	0.000 92	0.001 24
k_3	0.001 03	0.000 87	0.000 83	0.001 01	0.001 03	0.000 97
k_4	0.001 00	0.001 13	0.000 77	0.000 95	0.000 92	0.000 74
k_5	0.000 93	0.001 14	0.000 98	0.001 29	0.001 31	0.000 87
极差	0.000 42	0.000 27	0.000 78	0.000 34	0.000 39	0.000 71

对各因素的极差进行对比，如图 7-14 所示，根据极差的大小可判断各因素对磨损量影响的主次顺序为 C、F、A、E、D、B，即唇长度对 Y 形纯水动密封磨损量的影响最大，唇与钎尾夹角和唇厚次之，唇谷夹角、唇口深度和倒角长度较小。为了减小凿岩机 Y 形动密封在密封过程中的磨损量，分别选取各因素的优水平，得出磨损量指标下的改进方案为 $A_2B_3C_4D_4E_2F_4$ 或 $A_2B_3C_4D_4E_4F_4$，其中由于计算误差的影响在唇谷夹角 E 下的水平 2 和水平 4 同为优水平，因此产生了两个改进方案。

7.3.3.3　综合优化改进方案

正交试验以疲劳寿命和磨损量作为 Y 形纯水动密封的密封性能指标参数，由于指标参数的不同，导致二者的改进方案相差较大。因此通过极差占比的方法对多指标参数下 Y 形纯水动密封的结构参数进行优化改进。各因素的极差占比如下：

$$M_j = R_j \Big/ \sum_{i=1}^{n} R_i \tag{7-6}$$

式中，M_j 为第 j 列因素下的极差占比，R_j 为第 j 列因素的极差，n 为因素的个数。将疲劳寿命和磨损量指标下的各因素极差代入式（7-2）可得各因素的极差占比值，如表 7-6 所示。

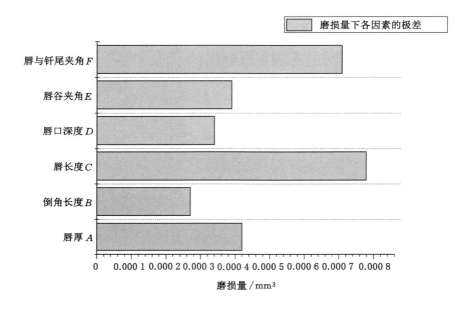

图 7-14　磨损量下各因素的极差对比

表 7-6　极差占比分析

极差占比	唇厚 A	倒角长度 B	唇长度 C	唇口深度 D	唇谷夹角 E	唇与钎尾夹角 F
疲劳寿命	0.112	0.265	0.170	0.111	0.119	0.223
磨损量	0.144	0.093	0.268	0.117	0.134	0.244
平均值	0.128	0.179	0.219	0.114	0.126 5	0.233 5

通过极差占比对多指标参数下的正交试验进行分析时，主要是对同因素在不同指标下的极差占比值进行比较，同因素下哪个指标的极差占比大，则取该指标下的最优水平作为综合改进方案的水平。同时对不同因素的极差占比平均值进行比较，值越大说明该因素对多指标参数的综合影响也就越大。

根据上述的极差占比分析方法，对各因素的极差占比平均值进行比较，如图 7-15 所示，各因素对凿岩机 Y 形动密封综合密封性能影响的大小顺序为 F、C、B、A、E、D，即唇与钎尾夹角和唇长度对 Y 形动密封工作性能影响最大，倒角长度、唇厚和唇谷夹角次之，唇口深度的影响最小。综合优化改进方案为 $A_2B_5C_4D_4E_4F_4$ 或 $A_2B_5C_4D_4E_2F_4$。

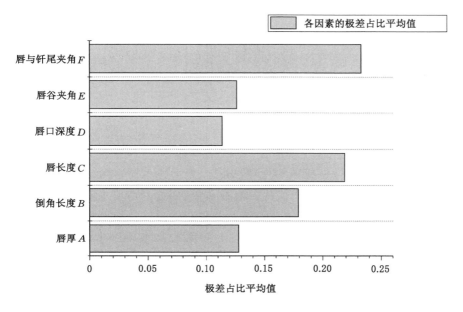

图 7-15　各因素的极差占比平均值

7.3.4　基于正交试验的 BP 神经网络训练

　　根据 BP 神经网络的特性,应用主要集中在以下几个方面,如图 7-16 所示。本协同优化方案中即利用了 BP 神经网络的函数逼近功能,通过 BP 神经网络强大的非线性映射能力对正交试验的数据样本进行学习,将训练好的 BP 神经网络作为遗传算法的适应度函数对种群个体的适应度值进行计算(即对不同结构参数下 Y 形纯水动密封的密封性能进行预测),进而完成整个协同优化过程。

　　作为连接正交试验和遗传算法的中间媒介,其网络的训练好坏直接影响了最终的优化结果。鉴于 BP 神经网络在协同优化方案中的重要程度,为保证 BP 神经网络具有充足的训练样本和良好的预测性能,将正交试验的 25 组数据分为两组,一组作为训练数据对 BP 神经网络进行训练,另一组作为验证数据对训练好的 BP 神经网络进行验证。具体划分如图 7-17 所示。

7.3.4.1　基于协同方案的训练数据处理

　　在协同优化方案中对于多目标优化问题通过线性加权法对其进行处理将多目标转化为单目标,协同优化目标即对应着 BP 神经网络的输出量,因此对 BP

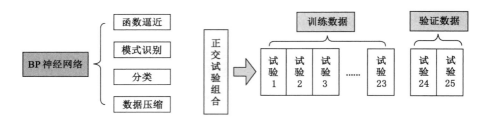

图 7-16　BP 神经网络的主要应用　　　图 7-17　试验数据与验证数据的划分

神经网络的输出量也应做相同的处理。由于 Y 形纯水动密封的两个性能指标参数疲劳寿命和磨损量存在着优化方向的冲突,疲劳寿命要求长而磨损量要求小,并且两个指标参数也存在着数量级的差异会对最终的协同优化结果产生影响。因此取疲劳寿命的倒数作为优化目标,并除以 10 使两个量处在同一数量级下,最终得出的 BP 神经网络输入量与输出量之间的函数关系如下式:

$$\min_{x\in D} F(X) = W_1 \frac{1}{10 f_1(X)} + W_2 f_2(X) \tag{7-7}$$

式中,X 为输入量,即 Y 形纯水动密封各结构参数;$F(X)$ 为输出量,即 Y 形纯水动密封的综合密封性能参数;$f_1(X)$ 为 Y 形纯水动密封的疲劳寿命;$f_2(X)$ 为 Y 形纯水动密封的磨损量,W_1、W_2 均为 0.5。根据式(7-3)对正交试验中的训练数据进行处理,便于后续 BP 神经网络训练的开展。

在确定了 BP 神经网络的训练数据库后,要首先对训练数据进行归一化处理,即保证每个样本数据都在[0,1]范围内,通过这种方式将有量纲的表达式经过转换变为无量纲的纯量,从而加快训练网络的收敛性。归一化的方程如下式:

$$\begin{cases} x'_k = \dfrac{x_k - x_{\min}}{x_{\max} - x_{\min}} \\[2mm] y'_k = \dfrac{y_k - y_{\min}}{y_{\max} - y_{\min}} \end{cases} \tag{7-8}$$

式中,x'_k,y'_k 为归一化神经网络输入值、输出值;x_k,y_k 为原始输入值、输出值;$x_{\max}$,$y_{\max}$ 为原始输入最大值、输出最大值;$x_{\min}$,$y_{\min}$ 为原始输入最小值、输出最小值。

7.3.4.2　神经网络层数及各层神经元个数的确定

根据前馈型 BP 神经网络的拓扑结构可知,BP 神经网络通常由三层或三层以上的结构组成,包括输入层、隐含层和输出层,其中隐含层可以是多层的结构。一般情况下,隐含层的层数越多 BP 神经网络的计算精度就越高,拟合函数的能力也就越强,但是更多的层数会增加训练难度,使模型难以收敛,并且很容易陷入局部最小值。并且现有研究表明,只含有 1 个隐含层的 BP 神经网络可以完成对任何多变量函数的逼近,因此本书采用只含有一个隐含层的 BP 神经网络。

由于正交试验有 6 个试验因素,并且采用线性加权和法对多目标优化问题进行处理,因此本书的 BP 神经网络的输入层和输出层分别包含 6 个和 1 个神经元。由于输入、输出层的神经元个数已经确定,对于本书来说最重要的就是确定隐含层的神经元个数。BP 神经网络通过隐含层来连接输入层和输出层,其主要作用为通过不断的训练,学习数据内部的非线性行为。隐含层中包含了很多神经单元,神经元的个数对于 BP 神经网络的非线性映射能力具有非常重要的影响。当隐含层中的神经元个数较少时将导致欠拟合,而过多的神经元个数又会导致过拟合,因此选择合适的隐含层神经元数量对于 BP 神经网络至关重要。经过对本 BP 神经网络的反复调校,确定隐含层神经元数量为 25 个。最终确定本书的 BP 神经网络的结构为 6-25-1,如图 7-18 所示。

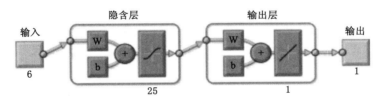

图 7-18　BP 神经网络结构参数

7.3.4.3　BP 神经网络训练参数的确定及训练程序建立

在确定了 BP 神经网络的结构后,即需对 BP 神经网络的传递函数和训练函数进行确定。传递函数和训练函数直接决定了 BP 神经网络的性能,其中传递函数决定了信号的传递、激发与处理,而训练函数则决定了 BP 神经网络对于较为复杂问题的分析和求解能力。为了保证训练好的 BP 神经网络具备良好的精度以及非线性拟合能力,本 BP 神经网络隐含层间的传递函数采用 tansig,输出层间的传递函数采用 purelin,训练函数采用 traingdx。

在进行了以上步骤后,BP 神经网络已基本建立即可设置训练参数,利用正交试验的数据库对 BP 神经网络进行训练。通过 MATLAB 来建立 BP 训练程序,具体见附录 A。

7.3.4.4　BP 神经网络训练效果的验证

经正交试验数据库训练得出 BP 神经网络匹配结果如图 7-19 所示,从图中可以看出,BP 神经网络的仿真输出与实际输出之间拟合度高达 99.8%,具有很好的拟合效果。

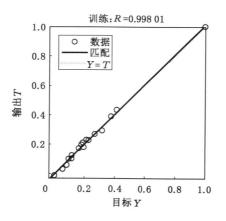

图 7-19　BP 神经网络训练效果

利用训练好的 BP 神经网络对正交试验第 24 组和第 25 组结构参数下的 Y 形纯水动密封的综合密封性能指标参数进行预测,并与仿真模拟的结果进行对比,如表 7-7 所示。从表中数据可知,BP 神经网络预测的误差存在着差异,这是因为训练数据较少,BP 神经网络预测不稳定导致的。由于最大误差也在 4% 以内,满足精度要求,认为此 BP 神经网络具有良好的预测性能。

表 7-7　BP 神经网络预测效果验证

组数	仿真值	预测值	预测误差/%
第 24 组	0.003 75	0.003 62	3.47
第 25 组	0.001 86	0.001 79	3.76

7.3.5　以 BP 神经网络为适应度函数的遗传算法

遗传算法虽然具有诸多优点,使其在众多优化算法中始终占据重要的位置,并且由于遗传算法强大的并行搜索能力,其对密封圈结构优化这种复杂的非线性问题具有较好的处理能力。但是遗传算法在计算的过程中容易过早的收敛,而陷入局部的最优解,为克服这一缺点在本协同优化方案中将遗传算法和 BP 神经网络相结合,利用 BP 神经网络强大的非线性映射能力作为遗传算法的适应度函数,进而完成遗传算法的全局寻优,大大加强了遗传算法对于多参数耦合下非线性问题的处理能力。

7.3.5.1　初始化遗传算法参数

（1）编码方式。在建立遗传算法时,首先要对初始数据进行编码,将凿岩机 Y 形动密封的结构优化问题变成遗传算法所能处理的搜索空间。根据本协同优化方案的特点,采用实数编码的方式来对变量进行处理。

（2）种群规模。种群规模是建立遗传算法的重要参数之一,一般而言种群规模越大遗传算法的全局搜索能力也就越强,也越不容易进入局部最优解,但是也使计算收敛变慢,并容易导致计算无效化的产生,因此对于种群规模的选择要依据具体问题进行确定。依据本智能协同优化的实际情况,设置遗传算法的种群规模为 20。

（3）进化最大代数。进化最大代数,即遗传算法的最大迭代次数,通常情况下依据算法中计算误差的要求进行设定。算法中计算误差要求的精度越高,最大进化代数则要相应地越大,通过遗传算法一次次的迭代向计算误差进行逼近,当小于所要求的误差时,迭代停止。通过对计算误差的考虑,确定遗传算法的最大迭代次数为 50。

7.3.5.2　基于 BP 神经网络的适应度函数

根据本协同优化方案,BP 神经网络在遗传算法中主要作为适应度函数对种群个体的适应度值进行计算,即对不同结构参数下的 Y 形动密封的综合密封性能进行预测。BP 神经网络的训练效果直接影响了遗传算法的优化效果和优化能力。前文已经基于正交试验的结果对 BP 神经网络进行了训练,并对其预测性能进行了验证,其误差均在 4% 以内可以认为基于正交试验所训练的 BP 神经网络具备良好的预测性能。可以直接采用训练好的 BP 神经网络来建立适应度函数,具体程序见附录 B。

7.3.5.3　选择、交叉、变异操作

选择、交叉、变异是遗传算法的核心内容,是遗传算法借鉴自然生物界中生物进化的最直接体现。其中选择依据个体的适应度将旧种群中"生命力"强的种群传递到下一代中,通过交叉来将上一代的两个个体中的基因进行重组来获取新的个体替代原来的老个体,并通过变异从种群中选择个体的染色体进行突变,来维持种群的多样性。因此交叉、变异概率直接影响遗传算法的优化结果及计算的稳定性,选取变异概率为 0.2、交叉概率为 0.4,具体的选择、交叉、变异操作如下所示。

（1）选择操作。遗传算法中主流的选择操作有三种方法,分别为轮盘赌选

择法、随机遍历抽样法和锦标赛法。本协同优化方案中,选择轮盘赌选择法作为遗传算法的选择操作,具体如下式:

$$\begin{cases} f_i = k/F_i \\ p_i = f_i / \sum_{j=1}^N f_i \end{cases} \tag{7-9}$$

式中,F_i 为 BP 神经网络预测出的个体适应度值;p_i 为个体的选择概率;N 为种群个体数目;k 为系数。

(2)交叉操作。由于个体采用实数进行编码,所以采用实数交叉法,并采用单点交叉的方式进行交叉操作,即第 k 个染色体 a_k 和第 l 个染色体 a_l 在 j 点的交叉操作如下式:

$$\begin{cases} a_{kj} = a_{kj}(1-b) + a_{lj}b \\ a_{lj} = a_{lj}(1-b) + a_{kj}b \end{cases} \tag{7-10}$$

式中,b 为 $[0,1]$ 中的随机数。

(3)变异操作。选取第 i 个个体的第 j 个基因 a_{ij} 进行变异操作,具体如下式:

$$\begin{cases} a_{ij} = \begin{cases} a_{ij} = a_{ij} + (a_{ij} - a_{\max}) \times f(g), r > 0.5 \\ a_{ij} = a_{ij} + (a_{\min} - a_{ij}) + f(g), r \leqslant 0.5 \end{cases} \\ f(g) = r_2(1 - g/g_{\max}) \end{cases} \tag{7-11}$$

式中,$a_{\max}$ 和 $a_{\min}$ 分别为 a_{ij} 的上、下界;r_2 和 r 均为随机数;g 为当前迭代次数。

7.3.6　Y 形纯水动密封协同优化结果

根据上述的协同优化算法,并根据式(7-2)中各因素的取值范围作为遗传算法寻优区间,采用经正交试验数据库训练好的 BP 神经网络来计算遗传算法中个体的适应度值,利用遗传算法对全局范围内的最优解进行搜索。利用 MATLAB 编译遗传算法程序进行计算(程序如附录 C 所示),取最大迭代数为 50,计算寻优过程如图 7-20 所示。随着遗传算法进化代数的增加,综合目标函数值趋于稳定,得出 Y 形纯水动密封结构参数的全局最优解为 $A=1.9$ mm、$B=0.53$ mm、$C=2.4$ mm、$D=1.87$ mm、$E=50.43°$、$F=18.5°$。

综合以上对凿岩机 Y 形动密封截面几何结构参数的优化改进,一共得到三组优化方案。其中基于正交试验法得出初步的两组优化方案为正交优化方案 1 和正交优化方案 2,以及采用协同优化得出的全局最优化方案,三组优化方案以及原始结构参数下 Y 形纯水动密封的各结构参数值如表 7-8 所示。

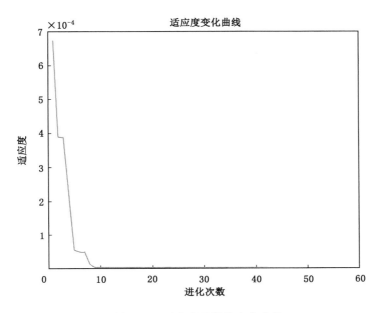

图 7-20　适应度函数的变化曲线

表 7-8　优化方案对比

结构方案	唇厚 A/mm	倒角长度 B/mm	唇长度 C/mm	唇口深度 D/mm	唇谷夹角 E/(°)	唇与钎尾夹角 F/(°)
原始结构参数下	2	0.47	2.3	1.95	50	25
正交优化方案 1	1.8	0.57	2.5	2.05	52	23
正交优化方案 2	1.8	0.57	2.5	2.05	56	23
协同优化方案	2.05	0.5	2.65	1.77	51.31	20.5

　　为确定三个优化方案的性能,通过有限元仿真模型对三个优化方案的 Y 形纯水动密封进行仿真分析,得出三个优化方案下 Y 形纯水动密封的等效应力和接触应力与原始结构参数下的应力进行对比(为统一变量,均取冲击速度为 2.15 m/s 时的等效应力和接触应力)。

7.3.6.1　等效应力对比

　　如图 7-21 所示,设定大于 4 MPa 即为危险区域,由于等效应力能在相当程度上反映材料的疲劳失效情况,等效应力的危险应力区域越小 Y 形纯水动密封的疲劳失效情况也就越轻。通过图中可看出三个优化方案下 Y 形纯水动密封的危险应力区域和最大等效应力值均小于原始结构参数下的 Y 形纯水动密封,并且协同优化方案的危险应力区域最小,其 Y 形纯水动密封的疲劳情况也会明显优于其他几个结构方案。

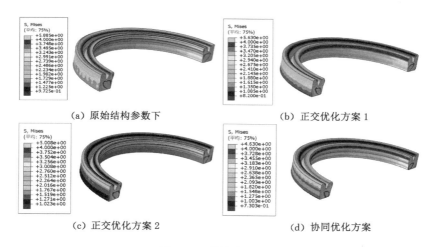

(a)原始结构参数下　　　　　　　　　(b)正交优化方案 1

(c)正交优化方案 2　　　　　　　　　(d)协同优化方案

图 7-21　等效应力对比

7.3.6.2　接触应力对比

如图 7-22 所示,通过图中可看出三个优化方案的 Y 形纯水动密封的危险应力区域与原始结构参数下的 Y 形纯水动密封相差不大,但是最大接触应力均小于原始结构参数下 Y 形纯水动密封的最大接触应力,且协同优化方案下的 Y 形纯水动密封的最大接触应力最小。

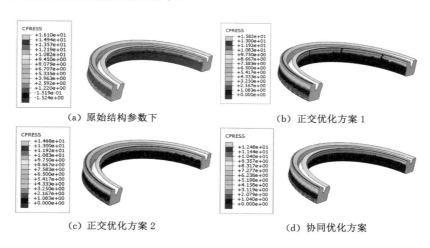

(a)原始结构参数下　　　　　　　　　(b)正交优化方案 1

(c)正交优化方案 2　　　　　　　　　(d)协同优化方案

图 7-22　接触应力对比

为进一步验证优化的效果,提取三个优化方案 Y 形纯水动密封在钎尾冲击过程中的接触应力和等效应力,对各个优化方案下 Y 形纯水动密封的磨损量和疲劳寿命进行计算,得到表 7-9。

表 7-9　优化方案的优化效果对比

结构方案	疲劳寿命/h	磨损量/mm³
原始结构参数下	11.266	0.002 51
正交优化方案 1	21.975	0.000 58
正交优化方案 2	16.945	0.000 55
协同优化方案	22.958	0.000 49

由表中可以看出,正交试验法和协同优化的优化方案均大大提高了凿岩机 Y 形动密封的密封性能。其中最优方案为协同优化方案下的 Y 形纯水动密封,相比原始结构参数下的 Y 形纯水动密封,疲劳寿命提高了 103.8%,磨损量降低了 80.5%,并且相较于正交试验法的优化方案疲劳寿命分别提高了 4.5% 和 35.5%,磨损量分别降低了 15.5% 和 10.9%,进一步验证了协同优化方案的有效性。原始结构参数下与协同优化后的 Y 形纯水动密封截面形状对比如图 7-23 所示。

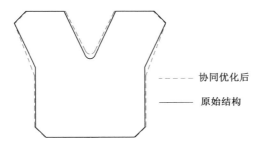

图 7-23　优化前后 Y 形密封圈截面形状对比

7.4　本章小结

（1）提出了基于正交试验的协同优化方案,利用正交试验法来建立均衡并具有综合可比性的正交试验数据库,通过 BP 神经网络强大的非线性映射能力,对正交试验的数据库进行拟合,将训练好的 BP 神经网络作为遗传算法的适应度函数,利用遗传算法的生物进化机制完成 Y 形纯水动密封在多指标参数下的自适应多参数全局寻优。以 Y 形纯水动密封的磨损量和疲劳寿命为目标,建立数学优化模型。

(2)对 Y 形纯水动密封截面几何结构参数进行分析,选取唇厚、倒角长度、唇长度、唇口深度、唇谷夹角和唇与钎尾夹角进行 6 因素 5 水平正交试验。通过对正交试验结果的分析,研究了各结构参数对凿岩机 Y 形动密封疲劳寿命和磨损量的影响。并以疲劳寿命和磨损量为优化指标,基于协同优化方案实现 Y 形纯水动密封的结构优化设计。

第 8 章　结论与展望

8.1　结论

　　以液压凿岩机冲洗机构动密封作为主要研究对象,借助理论分析和仿真手段对旋转往复纯水动密封的密封性能、寿命及结构优化等方面开展研究。在充分分析旋转往复式纯水动密封高频往复和旋转复合工作特性基础上,围绕 Y 形纯水动密封的接触特性、磨损特性、疲劳特性、泄漏特性等密封性能及其性能优化等方面进行了比较全面的研究,并基于协同优化方法对 Y 形纯水动密封的截面几何结构参数进行优化改进,有效改善了纯水动密封的密封性能。

　　(1)针对 Y 形纯水动密封的往复旋转接触特性,依据普遍形式的雷诺方程,给出符合旋转往复工作形式 Y 形纯水动密封的简化雷诺方程。并建立该工况下 Y 形纯水动密封的平面化有限元仿真模型,为利用有限元方法仿真分析了旋转速度、往复速度、摩擦系数及温度等参数对 Y 形纯水动密封主应力和接触应力的影响,结果表明:随着旋转速度的增大,密封圈在外行程阶段的最大主应力轻微地下降,内行程最大主应力变化不明显,密封圈在内行程的最大接触应力轻微地上升,而外行程下降;随着往复速度的增加,密封圈内行程的最大接触应力轻微地上升,而外行程下降;随着摩擦系数的增加,密封圈在内行程和外行程的最大主应力均增大,最大接触应力、接触长度与摩擦系数之间呈现出非线性关系;随着温度的增加,密封圈在内外行程的最大主应力和最大接触应力均减小,接触长度均增大。

　　(2)研究了磨损、疲劳对 Y 形纯水动密封寿命的影响,结果表明:磨损和疲劳是造成 Y 形纯水动密封失效的最主要因素,且随着水压及摩擦系数的改变而变化。随着水压的增加,水密封的磨损寿命呈现线性缓慢减小的趋势,同时疲劳寿命也快速减小;当水压在 3～3.4 MPa 之间时水密封主要失效形式为磨损失效,当水压在 3.4～3.6 MPa 之间时密封失效由磨损和疲劳共同作用,且影响系数相当,当水压大于 3.6 MPa 时密封主要失效形式为疲劳失效。随着摩擦系数的增加磨损寿命和疲劳寿命均减小，且磨损寿命曲线下降的趋势更大，在整个失效过程中都是磨损起主要作用。

（3）基于普遍形式的雷诺方程，并根据 Y 形纯水动密封的工作特性，推导出旋转冲击作用下的简化雷诺方程，以及变速度下实时泄漏量及净泄漏量的计算模型，结合有限元分析的结果和变速度下的雷诺方程得出不同工况参数对泄漏量的影响。结果表明：冲击速度幅值越大，实时泄漏量越大，一个周期内的净泄漏率越大；随着液体压力的增大，实时泄漏量变小，净泄漏率先变小再变大，中等压力下的密封性能更好；转速对实时泄漏量的影响较小，净泄漏量随转速增大而减小，一定的转速有利于增加密封性能。

（4）将正交试验法、BP 神经网络和遗传算法三者进行结合，提出基于正交法的协同优化方案，在正交试验的基础上对多参数耦合作用下凿岩机 Y 形动密封截面几何结构参数进行进一步的优化。以正交试验的结果作为 BP 神经网络的数据样本，通过 BP 神经网络强大的非线性映射能力对正交试验的数据样本进行学习，并将训练好的 BP 神经网络作为遗传算法的适应度函数，通过遗传算法得到 Y 形纯水动密封全局最优结构参数并重新带入仿真计算模型，对比原始结构参数下的 Y 形纯水动密封，优化后的 Y 形纯水动密封疲劳寿命提高了103.8％，磨损量降低了80.5％，并且也明显优于基于正交试验的优化方案，验证了本协同优化方案的有效性。

8.2　展望

密封问题涉及多个学科领域，影响密封性能的因素众多，加之纯水动密封研究工况复杂，由于本研究团队的理论知识储备、研究水平以及实验条件的限制，书中存在诸多的不足之处有待进一步完善，具体如下：

（1）书中针对纯水动密封进行了相关的理论分析与仿真研究，但是缺乏试验的支撑。通过仿真手段研究密封的应力分布是广泛应用的可靠手段，然而在利用仿真结果进行密封性能计算时，忽略了许多次要因素的影响，难免产生误差。通过后续的实验可以验证本书的研究方法和仿真模型的正确性。

（2）在对凿岩机冲洗机构进行仿真来对 Y 形纯水动密封在密封过程中的应力变化情况进行分析时，只从固体力学的角度进行了研究，没有考虑到流固耦合对密封的影响。

（3）在协同优化方案中，BP 神经网络的训练效果直接影响了最终的优化效果，虽然正交试验具有代表性的试验点选取能够较好地反映全面试验的特点，但是数据库较小应增加试验的组数，尤其是增加对密封性能影响较大参数的水平，对协同优化的结果进一步的优化。

（4）优化过程中只考虑 Y 形纯水动密封的截面几何参数对密封性能的影响,但是在实际工况中安装 Y 形纯水动密封的沟槽参数、凿岩机的工况参数以及钎尾的高速旋转和高频冲击所产生的热量对 Y 形纯水动密封产生的老化作用等均对凿岩机 Y 形纯水动密封的密封性能具有重大影响,应综合的进行优化分析,进一步提高凿岩机工作的稳定性。

附　　录

附录 A　BP 训练程序

```
%%正交数据库导入
load data1 A B C D E F mb
x=[A B C D E F]';
y=(mb)';
P_train=x(:,(1:23));
I_train=y(:,(1:23));
P_test=x(:,(24:25));
I_test=y(:,(24:25));
%%数据归一化
[p_train,ps_input]=mapminmax(P_train,0,1);
[i_train,ps_output]=mapminmax(I_train,0,1);
p_test=mapminmax('apply',P_test,ps_input);
%%BP 网络创建
%创建网络
net=newff(p_train,i_train,25,{'tansig','purelin'},'traingdx');
%设置训练参数
net.trainParam.show=50;
net.trainParam.epochs=500;
net.trainParam.goal=0.0001;
net.trainParam.lr=0.001;
%训练网络
net=train(net,p_train,i_train);
%预测结果输出
i_sim=sim(net,p_test);
```

```
%数据反归一化
I_sim=mapminmax('reverse',i_sim,ps_output);
%%性能评价
error=abs(I_sim-I_test)./I_test;
%结果对比
result=[I_test' I_sim' error];
save data net ps_input ps_output
```

附录B　基于BP神经网络的适应度函数

```
function fitness = fun(x) %函数功能:计算该个体对应适应度值
load data net ps_input ps_output %载入训练好的BP神经网络
x=x';
p_test=mapminmax('apply',x,ps_input); %数据归一化
i_sim=sim(net,p_test); %网络预测输出
fitness=mapminmax('reverse',i_sim,ps_output); %网络输出反归一化
end
```

附录C　遗传算法主程序

```
clc
clear
%% 初始化遗传算法参数
%初始化参数
maxgen=50;%进化代数,即迭代次数
sizepop=20;%种群规模
pcross=[0.4];%交叉概率选择,0 和 1 之间
pmutation=[0.2];%变异概率选择,0 和 1 之间
lenchrom=[1 1 1 1 1 1];%每个变量的字串长度,如果是浮点变量,则长度
都为 1
bound=[1.6 2.4;0.37 0.57;1.9 2.7;1.75 2.15;50 58;17 25];%数据范围
individuals=struct('fitness',zeros(1,sizepop), 'chrom',[]);%将种群信息
定义为一个结构体
avgfitness=[];%每一代种群的平均适应度
```

```
bestfitness＝[];%每一代种群的最佳适应度
bestchrom＝[];%适应度最好的染色体
%%初始化种群计算适应度值
% 初始化种群
for i＝1:sizepop
    %随机产生一个种群
    individuals.chrom(i,:)＝Code(lenchrom,bound);
    x＝individuals.chrom(i,:);
    %计算适应度
    individuals.fitness(i)＝fun(x);%染色体的适应度
end
%找最好的染色体
[bestfitness bestindex]＝min(individuals.fitness);
bestchrom＝individuals.chrom(bestindex,:);%最好的染色体
avgfitness＝sum(individuals.fitness)/sizepop;%染色体的平均适应度
%记录每一代进化中最好的适应度和平均适应度
trace＝[avgfitness bestfitness];
%%迭代寻优
%进化开始
for i＝1:maxgen
    i
    %选择
    individuals＝Select(individuals,sizepop);
    avgfitness＝sum(individuals.fitness)/sizepop;
    %交叉
     individuals. chrom = Cross ( pcross, lenchrom, individuals. chrom,
sizepop,bound);
    %变异
     individuals. chrom = Mutation ( pmutation, lenchrom, individuals.
chrom,sizepop,[i maxgen],bound);
    % 计算适应度
    for j＝1:sizepop
        x＝individuals.chrom(j,:);%解码
        individuals.fitness(j)＝fun(x);
```

```
end
```

％找到最小和最大适应度的染色体及它们在种群中的位置

```
[newbestfitness,newbestindex]=min(individuals.fitness);
[worestfitness,worestindex]=max(individuals.fitness);
```

％ 代替上一次进化中最好的染色体

```
if bestfitness>newbestfitness
    bestfitness=newbestfitness;
    bestchrom=individuals.chrom(newbestindex,:);
end
individuals.chrom(worestindex,:)=bestchrom;
individuals.fitness(worestindex)=bestfitness;
avgfitness=sum(individuals.fitness)/sizepop;
trace=[trace;avgfitness bestfitness];
```
％记录每一代进化中最好的适应度和平均适应度

```
end
```

％进化结束

参 考 文 献

[1] YANG B, SALANT R F. Elastohydrodynamic lubrication simulation of O-ring and U-cup hydraulic seals[J]. Proceedings of the Institution of Mechanical Engineers, Part J: Journal of engineering tribology, 2011, 225 (7): 603-610.

[2] KURAN S, GRACIE B J, METCALFE R. Low pressure sealing integrity of O-rings based on initial squeeze and counterface finish[J]. Tribology transactions, 1995, 38(2): 213-222.

[3] NIKAS G K. Elastohydrodynamic and mechanics of rectangular elastomeric seals for reciprocating piston rods[J]. Journal of tribology, 2003, 125(1): 60-69.

[4] BURTON R A. Effect of two-dimensional, sinusoidal roughness on the load support characteristics of a lubricant film[J]. Journal of fluids engineering, 1963, 85(2): 258-262.

[5] DAVIES M G. The generation of pressure between rough, fluid lubricated, moving, deformable surfaces[J]. Lubrication engineering, 1963, 19(4): 246.

[6] TZENG S T, SAIBEL E. Surface roughness effect on slider lubrication[J]. ASLE Transaction, 1967, 10(3): 334-348.

[7] CHRISTENSEN H, TONDER K. The hydrodynamic lubrication of rough bearing surfaces of finite width[J]. Journal of tribology, 1971, 93(3): 324-329.

[8] CHRISTENSEN H, TONDER K. The hydrodynamic lubrication of rough journal bearings[J]. Journal of tribology, 1973, 95(2): 166-172.

[9] CHOW L S H, CHENG H S. Influence of surface roughness and waviness on film thickness and pressure distribution in elastohydrodynamic contacts [M]. Evanston: Northwestern University ProQuest Dissertations Publishing, 1975.

[10] CHOW L S H, CHENG H S. The effect of surface roughness on the

average film thickness between lubricated rollers[J]. Journal of lubrication technology,1976,98(1):117-121.

[11] PATIR N.A numerical procedure for random generation of rough surfaces [J].Wear,1978,47(2):263-277.

[12] PATIR N.Effects of surface roughness on partial film lubrication using an average flow model based on numerical simulation[M]. Evanston: Northwestern University ProQuest Dissertations Publishing,1978.

[13] PATIR N,CHENG H S.An average flow model for determining effects of three-dimensional roughness on partial hydrodynamic lubrication[J]. Journal of tribology,1978,100(1):12-17.

[14] PATIR N,CHENG H S.Application of average flow model to lubrication between rough sliding surfaces[J].Journal of tribology,1979,101(2): 220-229.

[15] ELROD H G,MCCABE J T,CHU T Y.Determination of gas-bearing stability by response to a step-jump[J].Journal of tribology,1967,89(4): 493-498.

[16] 汪家道,陈大融,孔宪梅.粗糙峰微接触及其对润滑的影响[J].摩擦学学报, 1999,19(4):362-367.

[17] 孟凡明,胡元中,王惠.粗糙表面上微凸体间气穴对流量因子的影响[J].润滑与密封,2008,33(3):7-12.

[18] 付昊,王文中,王慧,等.粗糙表面弹性变形对流量因子的影响[J].润滑与密封.2007,32(1):68-71.

[19] 孔俊超.软三体摩擦界面的光学法原位观察和理论分析[D].合肥:合肥工业大学,2016.

[20] STREATOR J L.A model of mixed lubrication with capillary effects[J]. Tribology series,2001,40:121-128.

[21] HOLMES M J A,QIAO H,EVANS H P,et al.Surface contact and damage in micro-EHL[J]. Tribology and interface engineering series, 2005,48:605-616.

[22] LUBRECHT A A. The numerical solution of elastohydrodynamically lubricated line- and point contact problem, using multigrid techniques [D].Enschede:University of Twente,1987.

[23] ZHU D,MA Q,LI C,et al.Effect of stimulation of shenshu point on the aging process of genital system in aged female rats and the role of

monoamine neurotransmitters [J]. Journal of traditional Chinese medicine,2000,20(1):59-62.

[24] HU Y Z,ZHU D.A full numerical solution to the mixed lubrication in point contacts[J].Journal of tribology,2000,122(1):1-9.

[25] ZHU D,HU Y Z.A computer program package for the prediction of EHL and mixed lubrication characteristics, friction, subsurface stresses and flash temperatures based on measured 3-D surface roughness [J]. Tribology transactions,2001,44(3):383-390.

[26] 王文中,王顺,胡元中,等.全膜润滑到边界润滑的过渡研究[J].润滑与密封,2006(9):32-35.

[27] WANG W Z,LIU Y C,WANG H,et al.A computer thermal model of mixed lubrication in point contacts[J].Journal of tribology,2004,126(1):162-170.

[28] WANG Q J,ZHU D.Virtual texturing:modeling the performance of lubricated contacts of engineered surfaces[J].Journal of tribology,2005,127(4):722-728.

[29] ZHU D.On some aspects of numerical solutions of thin-film and mixed elastohydrodynamic lubrication [J]. Proceedings of the Institution of Mechanical Engineers,Part J:Journal of engineering triboloty,2007,221 (J5):561-579.

[30] WANG W Z,HU Y Z,LIU Y C,et al.Solution agreement between dry contacts and lubrication system at ultra-low speed[J].Proceedings of the Institution of Mechanical Engineers, Part J: Journal of engineering tribology,2010,224(J10):1049-1060.

[31] ZHU D,WANG Q J.Elastohydrodynamic lubrication:a gateway to interfacial mechanics:review and prospect[J].Journal of tribology,2011,133(4):1-14.

[32] CHOI J H,KANG H J,JEONG H Y,et al.Heat aging effects on the material property and the fatigue life of vulcanized natural rubber,and fatigue life prediction equations[J].Journal of mechanical science and technology,2005,19(6):1229-1242.

[33] SHANGGUAN W B,LIU T K,WANG C X et al.A method for modelling of fatigue life prediction equations[J].Journal of Mechanical Science and Technology,2005,19(6):312-325.

[34] LI Q,ZHAO J C,ZHAO B.Fatigue life prediction of a rubber mount based on test of material properties and finite element analysis[J]. Engineering failure analysis,2009,16(7):2304-2310.

[35] PENG Y H,LIU G X,QUAN Y M,et al.Cracking energy density calculation of hyperelastic constitutive model and its application in rubber fatigue life estimations[J].Journal of applied polymer science,2016,133 (47/48):44195.

[36] HARBOUR R J,FATEMI A,MARS W.Fatigue life analysis and predictions for NR and SBR under variable amplitude and multiaxial loading conditions[J].International journal of fatigue,2008,30(7): 1231-1247.

[37] CHRISTOPH N,ALEXANDER L,MICHAEL J,et al.Fatigue behavior of an elastomer under consideration of ageing effects[J].International journal of fatigue,2017,104:72-80.

[38] WOO C S,PARK H S,KIM W D.The effect of maximum strain on fatigue life prediction for natural rubber material[J].International journal of machanical,aerospace,industrial,machatronic and manufacturing engineering,2013,7(4):621-626.

[39] LI Q,ZHAO J C,ZHAO B.Fatigue life prediction of a rubber mount based on test of material properties and finite element analysis[J]. Engineering failure analysis,2009,16(7):2304-2310.

[40] WOO C S,KIM W D,KWON J D.A study on the material properties and fatigue life prediction of natural rubber component[J].Materials science and engineering:A,2008,483/484:376-381.

[41] 谢志民,王友善,万志敏,等.热老化的填充橡胶本构关系[J].哈尔滨工业大学学报,2008,40(9):1404-1407.

[42] 王小莉,上官文斌,李明敏,等.不同超弹性本构模型和多维应力下开裂能密度的计算方法[J].工程力学,2015,32(4):197-205.

[43] 王星盼.多应力条件下橡胶疲劳寿命预测方法研究[D].哈尔滨:哈尔滨工业大学,2016.

[44] 丁智平,陈吉平,宋传江,等.橡胶弹性减振元件疲劳裂纹扩展寿命分析[J]. 机械工程学报,2010,46(22):58-64.

[45] 李凡珠,刘金朋,杨海波,等.橡胶材料单轴拉伸疲劳寿命预测的有限元分析[J].橡胶工业,2015,62(7):439-442.

［46］欧阳小平,刘玉龙,薛志金,等.航空作动器 O 形密封材料失效分析［J］.浙江大学学报(工学版),2017,51(7):1361-1367.

［47］张天华,王伟.橡胶疲劳寿命的有限元分析与实验研究［J］.弹性体,2017,27(2):10-14.

［48］韩青.密封生热对叶片密封性能的影响［D］.武汉:武汉科技大学,2018.

［49］纪军,阎宏伟.气缸 O 型圈动密封及温度场有限元分析［J］.机械设计与制造,2016(2):8-11.

［50］SCHMIDT T, ANDRE M, POLL G. A transient 2D-finite-element approach for the simulation of mixed lubrication effects of reciprocating hydraulic rod seals［J］.Tribology international,2010,43(10):1775-1785.

［51］李鑫,冯海生.往复活塞杆密封圈磨损的仿真［J］.河北科技师范学院学报,2017,31(1):64-68.

［52］LI X, PENG G L, LI Z.Prediction of seal wear with thermal-strctural coupled finite element method［J］.Finite elements in analysis and design,2014,83:10-21.

［53］常凯.基于 ANSYS 的 O 形密封圈磨损仿真方法研究［J］.液压与气动,2018(2):98-103.

［54］钟柱,陈军,程靳,等.液压伺服作动器密封圈的有限元分析［J］.润滑与密封,2010,35(9):31-35.

［55］钟柱.飞控系统液压作动器动态仿真及密封性能分析［D］.哈尔滨:哈尔滨工业大学,2010.

［56］CHOI I M, WOO S Y, SONG H W.Improved metrological characteristics of a carbon-nanotube-based ionization gauge［J］.Applied physics letters,2007,90(2):023107-1-3.

［57］AVANZINI A, DONZELLA G. A computational procedure for life assessment of UHP reciprocating seals with reference to fatigue and leakage［J］.International journal of materials and product technology,2007,30(1/3):33-51.

［58］ZHANG X M, YIN M F, SUN H L.Analysis and simulation of straight-through labyrinth seal in hydrostatic support system ［J］.Industrial lubrication and tribology,2019,71(5):692-696.

［59］HUANG Y L, SALANT R F.Simulation of a hydraulic rod seal with a textured rod and starvation［J］.Tribology international,2016,95:306-315.

［60］李小彭,杨泽敏,王琳琳,等.基于分形理论的接触式机械密封端面泄漏模

型[J].东北大学学报(自然科学版),2019,40(4):526-530.

[61] WANG Y, LU L, ZHANG H X, et al. A simulation analysis and experimental research on T groove end face seal under mid-and-low speed [J]. International journal of precision engineering and manufacturing, 2017,18(4):537-543.

[62] FERN A G,MASON-JONES A,PHAM D T,et al.Finite element analysis of a valve stem se-al[J].Journal of engines,1998,107:881-887.

[63] ZHOU X F, RUAN J H, WANG G D, et al. Characterization and identification of microRNA core promoters in four model species[J]. PLoS computational biology,2007,3(3):412-423.

[64] 王国荣,胡刚,何霞,等.往复密封轴用 Y 形密封圈密封性能分析[J].机械设计与研究,2014,30(6):37-46.

[65] 钟亮,赵俊利,范社卫.基于 ABAQUS 的 O 形密封圈密封性能仿真研究 [J].煤矿机械,2014,35(3):52-54.

[66] 吴长贵,索双富,李雪梨.基于 ABAQUS 的往复密封仿真分析[C]//中国力学学会.第 11 届中国 CAE 工程分析技术年会会议论文集.[出版地不详:出版者不详],2015:39-44.

[67] 王冰清,彭旭东,孟祥铠.基于软弹流润滑模型的液压格莱圈密封性能分析 [J].摩擦学学报,2018,38(1):75-83.

[68] YANG Y M, YU H S. Numerical aspects of non-coaxial model implementations[J].Computers and geotechnics,2010,37(1/2):93-102.

[69] 陈国强,陶友瑞.高压水介质往复密封接触特性有限元分析[J].润滑与密封,2015,40(5):42-46.

[70] 牛犇,张杰,焦让.水润轴承螺旋密封性能的仿真分析[J].润滑与密封,2009,34(4):80-83.

[71] 张肖寒.液膜润滑机械密封湍流效应研究[D].杭州:浙江工业大学,2020.

[72] 房鲁南.跨尺度复合织构化端面机械密封密封性能研究[D].镇江:江苏大学,2020.

[73] BELFORTE G, MANUELLO A, MAZZA L. Optimization of the cross section of an elastomeric seal for pneumatic cylinders[J]. Journal of tribology,2006,128(2):406-413.

[74] FIELD G J, NAU B S. A theoretical study of the elastohydrodynamic lubrication of reciprocating rubber seals[J].ASLE transactions,2008,18 (1):48-54.

[75] 桑园,张秋翔,蔡纪宁,等.滑移式机械密封的动态辅助密封圈性能研究[J].润滑与密封,2006(12):95-98.

[76] 雷雨念,陈奎生,湛从昌.基于伺服液压缸往复运动的Y形密封圈结构参数优化[J].冶金设备,2020(4):1-5,33.

[77] 李斌,王达,杨春雷.采油树平板闸阀柔性密封圈结构优化设计[J].润滑与密封,2019,44(11):105-111.

[78] 张东葛,张付英,王世强.基于ANSYS的Y形密封圈结构和工作参数的优化设计[J].润滑与密封,2012,37(11):87-90.

[79] 刘明,陆军,段栋.Y形密封圈密封原理探讨与结构优化设计[J].特种橡胶制品,2012,33(3):57-59.

[80] 刘洪宇,王冰清,孟祥铠,等.基于正交试验的高压X形密封圈结构优化[J].润滑与密封,2017,42(7):106-110,134.

[81] 高涵宇,李佳君,杜彬,等.单点系泊系统液滑环弹簧蓄能密封圈密封性能研究[J].润滑与密封,2019,44(12):75-80.

[82] 崔成梁,高涵宇,王昕宇,等.海上风机钢桩桩塞器橡胶密封圈性能的有限元分析[J].橡胶工业,2020,67(4):287-293.

[83] 高涵宇.蓄能弹簧密封圈密封性能分析[D].大连:大连理工大学,2020.

[84] 迪力夏提·艾海提,索双富,黄乐.Y形密封圈可靠性和灵敏度的有限元分析[J].润滑与密封,2015,40(5):5-10,15.

[85] 陈银,朱维兵,王和顺,等.基于Fluent的上游泵送机械密封性能正交试验研究[J].润滑与密封,2020,45(4):62-68.

[86] 孔凡胜.唇形密封圈性能仿真与优化技术研究及平台开发[D].杭州:杭州电子科技大学,2019.

[87] 蔡智媛.高压航空作动器用往复O形圈结构优化及疲劳寿命预测[D].杭州:浙江工业大学,2019.

[88] 陈晓栋.高压容器密封结构有限元分析与优化设计[D].兰州:兰州大学,2015.

[89] 苗得田.旋转尾管悬挂器轴承的密封性能分析与优化[D].北京:中国地质大学(北京),2017.

[90] 孙宇佳.基于响应曲面法的同轴密封增效参数优化设计研究[D].天津:天津科技大学,2016.

[91] 刘明保.雷诺方程的推导、形式及应用[J].河南机电高等专科学校学报,2000,8(1):12-15.

[92] MOONEY M.A theory of large elastic deformation[J].Journal of applied

physics,1940,11(9):582-592.

[93] 黄乐.冲压装备用往复密封特性的仿真研究[D].北京:清华大学,2015.

[94] 吕立华.金属塑形变形与轧制原理[M].北京:化学工业出版社,2007.

[95] LUO R K,WU W X.Fatigue failure analysis of anti-vibration rubber spring[J].Engineering failure analysis,2004,13(1):110-116.

[96] 周琼.唇形密封圈润滑性能及对转子动力学性能影响研究[D].上海:华东理工大学,2012.

[97] 秦自臻,周平,张斌,等.PEEK 旋转密封环密封性能仿真和试验研究[J].摩擦学学报,2020,40(3):330-338.

[98] 左亮,肖绯雄.橡胶 Mooney-Rivlin 模型材料系数的一种确定方法[J].机械制造,2008,46(7):38-40.

[99] 加闯.液压摆缸密封的疲劳寿命研究[D].武汉:武汉科技大学,2019.

[100] 张梁.凿岩机冲洗机构 Y 形水密封寿命预测仿真研究[D].沈阳:沈阳建筑大学,2020.